U0167544

装配式建筑专业人员
岗位培训考核教材

北京市建设教育协会　组织编写

中国建筑工业出版社

图书在版编目（CIP）数据

装配式建筑专业人员岗位培训考核教材／北京市建设教育协会组织编写. — 北京：中国建筑工业出版社，2022.5

装配式建筑培训系列教材

ISBN 978-7-112-27347-8

Ⅰ.①装…　Ⅱ.①北…　Ⅲ.①装配式构件 — 建筑施工 — 岗位培训 — 教材　Ⅳ.①TU3

中国版本图书馆CIP数据核字（2022）第068756号

责任编辑：李　慧
责任校对：赵　菲

装配式建筑培训系列教材
装配式建筑专业人员岗位培训考核教材
北京市建设教育协会　组织编写
*
中国建筑工业出版社出版、发行（北京海淀三里河路9号）
各地新华书店、建筑书店经销
北京点击世代文化传媒有限公司制版
天津翔远印刷有限公司印刷
*
开本：787毫米×1092毫米　1/16　印张：16¾　字数：329千字
2022年7月第一版　2022年7月第一次印刷
定价：**65.00元**
ISBN 978-7-112-27347-8
（39025）

《装配式建筑专业人员岗位培训考核教材》
编委会

主　　编　韦晓峰

副 主 编　汪小英　李相凯　吴继成　徐　博　任成传

参编人员　李晨熙　谭江山　闫越南　于文欣　白志鹏

　　　　　李孟男　王　群　卢　造　张印川　魏树浩

　　　　　阎明伟　孙岩波　辛　伟　董龙锋　叶长宏

　　　　　张德伟　陈　鹏　贾还来　王　旭　杨　睿

　　　　　亢爱杰　张　冬　彭　政　张　强　郭少奇

　　　　　霍　猛　李学祥　李海旭　赵宏元　王迎邓

　　　　　常　薇　苏晨晓

主编单位　北京市建设教育协会

　　　　　北京城乡建设集团有限责任公司

参编单位　北京市建筑工程研究院有限责任公司

　　　　　北京城建华泰土木工程有限公司

　　　　　北京市燕通建筑构件有限公司

前　言

相比美国、法国等发达国家,中国的装配式建筑行业发展较晚,起步于20世纪50年代。1956年5月国务院发布了《关于加强和发展建筑工业的决定》,提出要着力提高中国建筑工业的技术、组织和管理水平,逐步实现建筑工业化,以改善中国建筑工业基础差、技术装备落后、管理制度不健全等问题。此文件的出台为行业的开端奠定了重要基础,明确了建筑工业化的发展方向,但由于行业仍处于计划经济体制之下,市场化程度较低,业内企业缺乏技术创新的动力,致使行业建筑技术水平较低,建筑工业化水平和装配式建筑的发展几乎处于停滞状态。

改革开放后,中国装配式建筑逐渐从停滞期进入缓慢发展期。1978年中华人民共和国国家建设委员会(现"中华人民共和国住房和城乡建设部",)召开"建筑工业化规划会议",要求到1985年中国大、中城市要基本实现建筑工业化,以及到2000年实现建筑工业的现代化。政府宏观层面上制定的发展战略为行业发展注入新的能量,推动行业技术积累、产品研发以及应用试点等工作的开展。业内出现了大板建筑、砌块建筑等预制构件,但是受限于技术实力,装配而成的建筑存在一定的质量问题,如密封不严、隔声效果不佳等。另外,现浇技术水平的提升吸引农民工进入传统建筑市场,提升了现浇施工方式效率并降低了施工成本,在一定程度上增强了装配式建筑行业的关注度以及推进行业的发展。

20世纪90年代后,中国政府相关主体再次发布一系列政策文件,大力推行住宅产业化,一方面是为了满足该时期大量商品房的建设需求,另一方面旨在提升装配式建筑的技术积累、推动行业应用,并提升行业市场化程度,如建设部于1996年发布的《住宅产业现代化试点工作大纲》提出用20年的时间推进住宅产业化的实施规划,国务院办公厅于1999年出台的《关于推进住宅产业现代化,提高住宅质量的若干意见》为推进住宅产业现代化明确提出指导思想和发展方向。

这一时期,尽管中国政府主体对于行业发展重视度较高,也通过出台利好政策大力扶持行业发展,但是受限于技术积累较浅、市场化程度尚待提高、产业基础相对薄弱、市场活跃度有限等因素，行业发展相对缓慢。

自"十二五"升始，行业逐步进入快速发展期，预制构件生产技术日益成熟、建筑业环保理念的深入和建筑材料逐渐丰富均为装配式建筑的发展奠定了关键的基础。

在沙利文针对中国装配式建筑行业进行的访谈调研中，国家政府的大力扶持在行业发展过程中起到了关键的带动和引导作用，是促进行业内各参与主体加大技术研发力度、推广装配式建筑理念以及加快装配式建筑项目落地应用的重要前提。这一时期，国务院、住房和城乡建设部等主体继续出台扶持政策文件，以进一步推动行业发展，如中国国务院办公厅于 2016 年 9 月出台了《关于大力发展装配式建筑的指导意见》，住房和城乡建设部于 2017 年 3 月发布了《"十三五"装配式建筑行动方案》。在国家政策出台的带动下，全国 31 个省、市、自治区也相继出台各自的扶持政策文件，如上海市住房和城乡建设管理委员会于 2016 年出台的《上海市装配式建筑 2016—2020 发展规划》，北京市住房和城乡建设管理委员会于 2017 年出台的《北京市人民政府办公厅关于加快发展装配式建筑的实施意见》，地方扶持政策的出台有助于进一步推广装配式建筑理念，提升社会认知度和促进装配式建筑项目的落地。

住房和城乡建设部于 2016 年批准开展了 119 项装配式建筑科技示范项目，项目涵盖装配式混凝土结构、钢结构、木结构、部品部件生产等各类型，示范项目的开展极大地促进了建筑产业的现代化进程，推动了装配式建筑以及部品部件生产的发展。

在国家、地方政府政策红利的大力扶持下，装配式建筑在这一时期发展较快，行业政策标准体系日益完善，预制配件研发和生产技术水平逐渐提升，装配式建筑的渗透率逐渐提高，开工的装配式建筑面积持续提升。

为了适应装配式建筑的飞速发展，提高产业化人员的整体素质，提高装配式建筑的工程质量，推进装配式建筑的实施和发展，特编制了《装配式建筑专业人员岗位培训考核教材》，希望为装配式建筑持续健康发展贡献绵薄力量。

本书有六个章节：装配式建筑相关法律、法规、规范、标准、图集，装配式建筑工程基本施工知识，装配式建筑管理人员基本工作，装配式建筑建设工程项目管理知识，装配式建筑结构施工技术要点，BIM 技术在装配式项目各阶段的应用。

在编制和策划的过程中，得到了上级领导的大力支持，相关工程技术人员参与其中，在此一并表示感谢。

鉴于经验、能力、时间等诸多因素，本书难免存在不足之处，欢迎您提出宝贵意见和建议，我们将认真吸取，以便再版时改进。

目　录

第一章
装配式建筑相关法律、法规、规范、标准、图集

第一节　装配式建筑相关法律、法规、规范

装配式建筑相关法律、法规、规范见表1-1。

装配式建筑相关法律、法规、规范（现行）　　　表 1-1

序号	法律、法规名称	文件号
1	中华人民共和国环境保护法	中华人民共和国主席令 1989 年第 22 号
2	中华人民共和国建筑法	中华人民共和国主席令 1997 年第 91 号
3	中华人民共和国消防法	2008 年主席令第六号
4	建设工程质量管理条例	国务院令第 279 号
5	建设工程安全生产管理条例	国务院令第 393 号
6	民用建筑节能条例	国务院令第 530 号
7	工程建设标准强制性条文	房屋建筑部分（2009 年版）
8	钢及钢产品力学性能试验取样位置及试样制备	GB/T 2975
9	水泥胶砂强度检验方法（ISO 法）	GB/T 17671
10	钻芯检测离心高强混凝土抗压强度试验方法	GB/T 19496
11	水泥细度检验方法　筛析法	GB/T 1345
12	水泥胶砂流动度测定方法	GB/T 2419
13	通用硅酸盐水泥	GB 175
14	水泥取样方法	GB/T 12573
15	水泥比表面积测定方法　勃氏法	GB/T 8074
16	混凝土外加剂	GB 8076
17	数值修约规则与极限数值的表示和判定	GB/T 8170
18	绝热稳态传热性质的测定　标定和防护热箱法	GB/T 13475
19	玻璃纤维增强水泥性能试验方法	GB/T 15231
20	普通混凝土长期性能和耐久性能试验方法标准	GB/T 50082
21	热轧圆盘条尺寸、外形、重量及允许偏差	GB/T 14981
22	混凝土强度检验评定标准	GB/T 50107
23	金属材料　弯曲试验方法	GB/T 232
24	金属材料拉伸试验　第 1 部分：室温试验方法	GB/T 228.1
25	建筑结构加固工程施工质量验收规范	GB 50550
26	房屋建筑和市政基础设施工程质量检测技术管理规范	GB 50618
27	混凝土结构工程施工规范	GB 50666

续表

序号	法律、法规名称	文件号
28	混凝土质量控制标准	GB 50164
29	预防混凝土碱骨料反应技术规范	GB/T 50733
30	建设用卵石、碎石	GB/T 14685
31	建设用砂	GB/T 14684
32	水泥标准稠度用水量、凝结时间、安定性检验方法	GB/T 1346
33	混凝土外加剂匀质性试验方法	GB/T 8077
34	建筑材料及制品燃烧性能分级	GB 8624
35	建筑工程施工质量验收统一标准	GB 50300
36	混凝土外加剂应用技术规范	GB 50119
37	混凝土结构现场检测技术标准	GB/T 50784
38	预应力混凝土用钢绞线	GB/T 5224
39	预应力混凝土用钢丝	GB/T 5223
40	水泥基灌浆材料应用技术规范	GB/T 50448
41	混凝土结构工程施工质量验收规范	GB 50204
42	预应力筋用锚具、夹具和连接器	GB/T 14370
43	装配式混凝土建筑技术标准	GB/T 51231
44	装配式钢结构建筑技术标准	GB/T 51232
45	装配式木结构建筑技术标准	GB/T 51233
46	普通混凝土拌合物性能试验方法标准	GB/T 50080
47	装配式建筑评价标准	GB/T 51129
48	钢筋混凝土用钢　第 1 部分：热轧光圆钢筋	GB/T 1499.1
49	水泥化学分析方法	GB/T 176
50	用于水泥和混凝土中的粉煤灰	GB/T 1596
51	混凝土膨胀剂	GB/T 23439
52	冷轧带肋钢筋	GB/T 13788
53	硬泡聚氨酯保温防水工程技术规范	GB 50404
54	钢筋混凝土用钢　第 2 部分：热轧带肋钢筋	GB/T 1499.2
55	建筑装饰装修工程质量验收标准	GB 50210
56	建设工程文件归档规范	GB/T 50328
57	混凝土物理力学性能试验方法标准	GB/T 50081
58	建筑节能工程施工质量验收标准	GB 50411

第二节 北京市装配式建筑地方标准

北京市装配式建筑地方标准见表1-2。

北京市装配式建筑地方标准（现行）   表1-2

序号	规范名称	规范号
1	装配式剪力墙结构设计规程	DB11/ 1003
2	装配式剪力墙住宅建筑设计规程	DB11/T 970
3	人工砂应用技术规程	DB11/T 1133
4	混凝土外加剂应用技术规程	DB11/T 1314
5	建筑工程清水混凝土施工技术规程	DB11/T 464
6	预制混凝土构件质量控制标准	DB11/T 1312
7	装配式框架及框架—剪力墙结构设计规程	DB11/ 1310
8	钢筋保护层厚度和钢筋直径检测技术规程	DB11/T 365
9	建筑工程资料管理规程	DB11/T 695
10	建设工程检测试验管理规程	DB11/T 386
11	回弹法、超声回弹综合法检测泵送混凝土抗压强度技术规程	DB11/T 1446
12	陶瓷墙地砖胶粘剂施工技术规程	DB11/T 344
13	建筑预制构件接缝密封防水施工技术规程	DB11/T 1447
14	钢筋套筒灌浆连接技术规程	DB11/T 1470
15	绿色施工管理规程	DB11/T 513
16	预拌混凝土绿色生产管理规程	DB11/T 642
17	预拌混凝土质量管理规程	DB11/T 385
18	装配式建筑设备与电气工程施工质量及验收规程	DB11/T 1709
19	绿色建筑工程验收规范	DB11/T 1315
20	装配式混凝土结构工程施工与质量验收规程	DB11/T 1030
21	预制混凝土构件质量检验标准	DB11/T 968

第三节　装配式建筑行业标准

装配式建筑行业标准见表 1-3。

北京市装配式建筑行业标准（现行）　　　　　　　　　表 1-3

序号	规范名称	规范号
1	预应力混凝土结构抗震设计标准	JGJ/T 140
2	后锚固法检测混凝土抗压强度技术规程	JGJ/T 208
3	混凝土结构用钢筋间隔件应用技术规程	JGJ/T 219
4	抹灰砂浆技术规程	JGJ/T 220
5	回弹法检测混凝土抗压强度技术规程	JGJ/T 23
6	预制带肋底板混凝土叠合楼板技术规程	JGJ/T 258
7	外墙内保温工程技术规程	JGJ/T 261
8	底部框架—抗震墙砌体房屋抗震技术规程	JGJ 248
9	密肋复合板结构技术规程	JGJ/T 275
10	装配式混凝土结构技术规程	JGJ 1
11	钢筋焊接接头试验方法标准	JGJ/T 27
12	钢筋套筒灌浆连接应用技术规程	JGJ 355
13	钻芯法检测混凝土强度技术规程	JGJ/T 384
14	无粘结预应力混凝土结构技术规程	JGJ 92
15	建筑与市政工程地下水控制技术规范	JGJ 111
16	静压桩施工技术规程	JGJ/T 394
17	预应力混凝土管桩技术标准	JGJ/T 406
18	建筑施工测量标准	JGJ/T 408
19	预制混凝土外挂墙板应用技术标准	JGJ/T 458
20	装配式整体卫生间应用技术标准	JGJ/T 467
21	自流平地面工程技术标准	JGJ/T 175
22	装配式整体厨房应用技术标准	JGJ/T 477
23	装配式钢结构住宅建筑技术标准	JGJ/T 469
24	建筑防护栏杆技术标准	JGJ/T 470
25	装配式住宅建筑检测技术标准	JGJ/T 485
26	外墙外保温工程技术标准	JGJ 144
27	无机轻集料砂浆保温系统技术标准	JGJ/T 253

续表

序号	规范名称	规范号
28	早期推定混凝土强度试验方法标准	JGJ/T 15
29	建筑施工承插型盘扣式钢管脚手架安全技术标准	JGJ/T 231
30	钢框架内填墙板结构技术标准	JGJ/T 490
31	装配式内装修技术标准	JGJ/T 491

第四节　北京市装配式建筑政策性文件

北京市装配式建筑政策性文件见表1-4。

北京市装配式建筑政策性文件　　　　　　　　　　　　　　　表 1-4

序号	文件名称	文件号
1	关于加强北京市建设工程质量施工现场管理工作的通知	京建发 [2010] 111 号
2	关于推进本市住宅产业化的指导意见	京建发 [2010] 125 号
3	关于产业化住宅项目实施面积奖励等优惠措施的暂行办法	京建发 [2010] 141 号
4	北京市住宅产业化住宅部品使用管理办法	京建发 [2010] 566 号
5	关于印发《北京市产业化住宅部品评审细则（试行）》的通知	京建发 [2011] 286 号
6	关于印发《关于进一步加强保障性住房工程质量管理的意见》的通知	京建发 [2012] 199 号
7	关于在保障性住房建设中推进住宅产业化工作任务的通知	京建发 [2012] 359 号
8	关于确认保障性住房实施住宅产业化增量成本的通知	京建发 [2013] 138 号
9	关于在本市保障性住房中实施绿色建筑行动的若干指导意见	京建发 [2014] 315 号
10	关于发布《〈北京市建设工程计价依据——预算消耗量定额〉装配式房屋建筑工程》的通知	京建发 [2017] 90 号
11	关于印发 2018 年工程质量管理工作要点的通知	京建发 [2018] 48 号
12	关于开展建设工程质量管理标准化工作的指导意见	京建发 [2018] 295 号
13	北京市住房和城乡建设委员会关于明确装配式混凝土结构建筑工程施工现场质量监督工作要点的通知	京建发 [2018] 371 号
14	北京市住房和城乡建设委员会关于加强冬期施工质量管理工作的通知	京建发 [2018] 528 号
15	北京市住房和城乡建设委员会关于印发《北京市工程质量安全手册实施细则（试行）》的通知	京建发 [2019] 234 号
16	北京市住房和城乡建设委员会关于开展住宅工程质量提升专项行动的通知	京建发 [2019] 334 号
17	北京市装配式建筑、绿色建筑、绿色生态示范区项目市级奖励资金管理暂行办法	京建发 [2020] 4 号

序号	文件名称	文件号
18	北京市住房和城乡建设委员会关于发布 2020 年施工质量管理工作要点的通知	京建发 [2020] 68 号
19	北京市住建委关于加强工程质量影像追溯管理的通知	京建发 [2021] 29 号
20	北京市绿色建筑行动实施方案	京政办发 [2013] 32 号
21	北京市人民政府办公厅关于加快发展装配式建筑的实施意见	京政办发 [2017] 8 号
22	北京市超低能耗建筑示范工程项目及奖励资金管理暂行办法	京建发 [2017] 11 号
23	关于实施《北京市建筑工程施工许可办法》若干规定	京建 [2004] 240 号
24	关于加强装配式混凝土建筑工程设计施工质量全过程管控的通知	京建发 [2018] 6 号
25	北京市住房和城乡建设委员会　北京市规划委员会关于发布《北京市推广、限制、禁止使用的建筑材料目录管理办法》的通知	京建材 [2009] 344 号
26	关于贯彻《关于加强住宅工程质量管理的若干意见》的通知	京建质 [2004] 101 号
27	住房和城乡建设部关于做好《建筑业 10 项新技术（2017 年版）》推广应用的通知	建质函 [2017] 268 号
28	关于大力发展装配式建筑的指导意见	国办发 [2016] 71 号

第五节　装配式建筑图集

装配式建筑图集见表 1-5。

装配式建筑图集　　　　　　　　　　　　　　　　　　　　　　表 1-5

序号	图集名称	图集号
1	预制带肋底板混凝土叠合楼板	14G443
2	装配式混凝土结构表示方法及示例（剪力墙结构）	15G107-1
3	预制混凝土剪力墙外墙板	15G365-1
4	预制混凝土剪力墙内墙板	15G365-2
5	桁架钢筋混凝土叠合板（60mm 厚底板）	15G366-1
6	预制钢筋混凝土板式楼梯	15G367-1
7	预制钢筋混凝土阳台板、空调板及女儿墙	15G368-1
8	轻质芯模混凝土叠合密肋楼板	15CG25
9	装配式混凝土结构住宅建筑设计示例（剪力墙结构）	15J939-1
10	装配式混凝土剪力墙结构住宅施工工艺图解	16G906
11	装配式混凝土结构预制构件选用目录（一）	16G116-1
12	夹心保温墙建筑与结构构造	16J107、16G617
13	装配式混凝土结构连接节点构造（2015 年合订本）	G310-1 ~ 2

第二章

装配式建筑工程基本施工知识

第一节　装配式混凝土结构

一、装配式混凝土结构概述

1. 装配式混凝土结构概念

装配式混凝土结构是指由预制混凝土构件通过可靠的连接方式进行连接，并与现场后浇混凝土、水泥基灌浆料形成整体的混凝土结构，包括装配整体式混凝土结构、全装配混凝土结构等，在结构工程中，简称装配式结构。

2. 装配式混凝土结构分类

1）装配整体式混凝土框架结构

全部或部分框架梁、柱采用预制构件构建成的装配式混凝土结构，见图2-1。

图 2-1　装配整体式混凝土框架结构建筑实体图

2）装配整体式混凝土剪力墙结构

全部或部分剪力墙采用预制墙板构建成的装配式混凝土结构，见图2-2。

3）装配整体式混凝土框架—剪力墙结构

由预制框架梁柱通过采用各种可靠的方式进行连接，并与现场浇筑的混凝土剪力墙可靠连接并形成整体的框架—剪力墙结构，简称装配整体式框架—剪力墙结构。

图 2-2 装配整体式混凝土剪力墙结构建筑实体图

3. 装配式混凝土结构使用范围

装配式混凝土剪力墙结构主要应用于住宅建筑；装配式混凝土框架、框架—剪力墙结构一般用于需要开敞大空间的厂房、仓库、商场、停车场、办公楼等建筑。

二、装配式混凝土结构工程的主要环节

1. 工程设计

设计应充分体现标准化设计理念，在满足建筑使用功能的前提下，应采用标准化、系统化设计方法，编制设计、制作和施工安装成套设计文件。装配式建筑的设计流程分为初步设计和施工图设计两个设计阶段。

初步设计阶段：联合各专业的技术要点进行协同设计，结合规范确定建筑底部现浇加强区的层数，优化预制构件种类。预制构件（柱、梁、墙、板）的划分，应遵循受力合理、连接简单、施工方便、少规格、多组合，并能组装成形式多样的结构体系的原则。充分考虑设备专业管线预留预埋，进行专项的经济性评估，分析影响成本的因素，制定合理的技术措施。

施工图设计阶段：按照初步设计阶段制定的技术措施进行设计。各专业根据预制构件、内装部品、设备设施等生产企业提供的设计参数，施工单位的各项施工工艺、技术方案，在施工图中充分考虑各专业预留预埋要求。在总体规划中应考虑构配件的制作和堆放以及起重运输设备服务半径所需空间，建筑专业应考虑连接节点处的防水、防火、隔声等设计。

2. 深化设计

需要从顶层设计开始，针对不同建筑类型和预制构件的特点，结合建筑功能需求，从设计、制造、安装、维护等方面入手，划分标准化模块，进行预制构件以及结构、外围护、内装和设备管线的模数协调及接口标准化研究，建立标准化技术体系，实现预制构件和接口的模数化、标准化，使设计、生产、施工、验收全部纳入尺寸协调的范畴，形成装配式建筑的通用建筑体系。装配式建筑是将整栋建筑的各个部品拆分成独立单元，包括外墙、内墙、叠合板、楼梯、阳台板、空调板等预制构件，然后通过现场局部浇筑将各个独立的构件形成可靠的连接，最终形成装配整体式建筑，将大量的现场工作转移到生产车间内进行。

深化设计图纸中的预制构件制作详图应结合各专业设计和生产、施工的预留预埋要求绘制，主要应包含以下几方面。

1）图纸目录

图纸目录应包括所有预制构件的型号、名称，安装位置及层数等，整个工程用量及混凝土强度等级一目了然，为生产和施工环节节省了大量的人力统计时间。

2）设计说明

设计说明应包括预制构件的构造做法、连接措施与灌浆料的性能指标，指出现场安装过程中注意的事项，提供生产误差控制标准。

3）节点详图、吊环详图、预埋件大样图

节点详图、吊环详图、预埋件大样图应包括详细的节点设计数据，如窗口的防水做法、吊环的采用方式，预制构件中线管与现浇段线管的连接方式，构件生产吊装与现场安装吊装的埋件设置等。

4）平面拆分图

平面拆分图通过不同的填充方式使预制构件与现浇节点清晰可辨。提供构件编号、安装方向、支撑方向，为现场施工提供可靠的数据支持，防止现场构件安错、安反等现象发生。楼板拆分包括叠合板接缝位置、搭接长度、水电预埋位置等。

5）模板图

模板图应包括构件外形尺寸、构造措施、企口形式、粗糙面做法、吊环位置、连接件位置、无外架施工预留孔位置等，并包含此墙板所有预留预埋配件表。

6）配筋图

配筋图应明确构件中的钢筋尺寸、数量、重量，套筒的数量、型号等，生产过程中可直接通过配筋表进行下料提料，生产工人可直接按配筋图进行钢筋笼的绑扎。整体拆分方案能确保设计准确性与生产施工可行性并存。拆分设计可以将设计、生产及钢筋加工信息化，相关数据可以一对一模式进行分析并应用到生产、运输、安装和结算中。

3. 预制构件制作

预制构件制作应编制生产方案，并应有保证生产质量要求的生产工艺和设施、设备，配有相应的生产车间。

预制构件的制作应在工厂进行，生产员工应进行专业技能培训。

生产企业应明确质量要求和控制要点，对构件生产全过程进行质量策划和控制管理，构件生产完毕应进行验收，合格的产品统一进行标识和存放，预制构件生产车间和生产设备分别见图2-3、图2-4。

图 2-3　预制构件生产车间

图 2-4　预制构件生产设备

4. 预制构件的存放与运输

1）预制构件的存放

预制构件的存放场地宜为混凝土硬化地面或经人工处理的自然地坪，满足平整度和地基承载力要求，并应有排水措施。构件的存放架应有足够的刚度和稳定性。内、外墙板采用插放架，插放架要有足够的强度和刚度，并需支垫稳固，支点位置在内叶墙范围内。预制构件多层叠放时每层构件间的垫块应上下对齐，预制楼板、叠合板、阳台板和空调板等构件宜平放，叠放层数不宜超过 6 层，见图 2-5。

图 2-5　预制构件产品堆放

2）预制构件的运输

预制构件在运输过程中应做好安全和防护工作且应根据预制构件特点采用不同的运输方式，见图 2-6。

图 2-6　预制构件运输

5. 施工安装

根据制定的施工方案，做好人、机、料的各项准备工作后，即可进行装配式混凝土结构的施工。

1）材料进出场管理

（1）施工单位材料及质量科室应建立构件接收台账，明确进场日期、型号、使用部位、编号、参与验收人员等内容。

（2）对经施工单位、监理单位、构件供应单位三方共同认可的超出使用规范偏差的构件，建立退场构件登记台账，明确出厂日期、型号、编号等。

2）施工管理控制

（1）构件到场前第一时间进行验收，不合格的一律不允许进场，质量证明文件不全的一律不允许进场。

（2）构件到场前规划好存放场地，避免二次倒运。

（3）构件吊装、灌浆选用专业分包单位或班组。

（4）叠合板、预制墙体、预制楼梯第一段完成后均需进行首段验收，验收合格后进行后续大面积展开作业。

3）质量管理控制

（1）预制构件存放：构件存放在施工总平面图指定的位置，现场存放 1～2 个流水段的构件，构件应按照安装顺序进场、分类码放整齐，以满足施工要求。预制墙板存放在专用插放架上，插放架由专业厂家提供技术支持，由具有相关资质的加工厂加工制作。插放架两侧交错插放，以保证插放架的整体稳定性。

（2）预制墙板斜支撑体系由支撑杆与 U 形卡座组成。其中，支撑杆由正反调节丝杆、外套管、手把、正反螺母、高强销轴和固定螺栓组成，调节长度根据布置方案确定，然后定型加工。该支撑体系用于承受预制墙板的侧向荷载和调整预制墙板的垂直度。

（3）构件吊装前按吊装流程核对构件编号和数量，位置必须准确。

（4）转换层位置必须采用定位钢板控制转换层插筋施工质量，同时向上每楼层混凝土浇筑前均需采用定位钢板对预制墙体顶部钢筋进行定位保护。

4）预制墙板安装控制要点

（1）预制墙板安装前工作

①构件吊装前按吊装流程核对构件编号和数量。

②检查吊索具，做到班前专人检查和记录当日的工作情况。高空作业用工具必须增加防坠落措施，严防安全事故的发生。

③建立可靠的通信指挥网，保证吊装期间通信联络畅通无阻，安装作业不间断地进行。

④开始作业前，用醒目的标识和围护将作业区隔离，严禁无关人员进入作业区内。

⑤参与作业的人员每日进行班前安全交底，要求操作者时刻牢记安全作业重要性。

⑥专人检查每块预制墙板灌浆连接套筒的通透性。用专用模具检查、调整套筒连接钢筋的位置、尺寸。

⑦检查叠合楼板上预埋的用于固定斜支撑的套筒位置是否符合《墙板斜支撑布置图》的位置要求。

⑧弹出安装预制墙板的位置线及30cm控制线，包括：洞口边线、作业层50cm标高控制线等。

⑨预制墙板与现浇楼板面设有20mm空隙，在吊装预制墙板前，对预制墙体安装位置进行凿毛处理并清理干净。

⑩在下层预制墙板保温层位置粘贴30mm厚的橡塑棉条，搭接部位采用45°楔形搭接且避开有灌浆套筒部位。每块墙板垫2组60mm×60mm的钢垫片，每组由2mm厚和4mm厚钢垫片组合，钢垫片上表面用水准仪抄测标高。

（2）预制墙板安装

①构件吊装采用多点吊装梁，根据预制墙板的吊点位置采用合理的起吊点，采用球头吊钉吊具与预制墙板的预留吊钉连接，并确认连接紧固后方可起吊，见图2-7。

在预制墙板的下端放置海绵橡胶垫，以预防预制墙板起吊离地时板的边角被撞坏，并应注意起吊过程中，预制墙板面不得与插放架发生碰撞。

②用塔式起重机缓缓将墙板吊起，待预制墙板升至距地面500mm时略作停顿，检查起重机的稳定性、制动装置的可靠性、吊索吊具的牢固性、构件外观质量及确认吊点连接无误后方可继续起吊。已起吊的构件不得长久停止在空中。起吊要求缓慢匀速，保证预制墙板吊运过程中受力均匀，不变形，不产生裂缝。

③吊至作业层上方时，吊装工拉住预先挂好的缆风绳来控制板下落位置，当落至距离作业面1m左右的高度时，吊装工用手扶住预制墙板，缓缓下降。

④预制墙板缓慢下降至距离预留钢筋顶部200mm处，在墙两端挂线坠对准地面上的控制线，在预制墙板下方放置镜子，便于插筋对准套筒孔，套筒位置与楼板预留钢筋位置对准后，将墙板缓缓下降，使之平稳就位。用线坠、靠尺等测量工具进行配合，直至定位准确之后固定。

（3）预制墙板调平

①安装时由专人负责预制墙板下口定位、

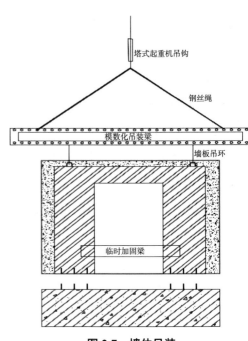

图2-7 墙体吊装

对线，并用靠尺板找直。安装第一层预制墙板时，应特别注意安装质量，使之成为以上各层的基准。

②预制墙板临时固定：采用可调节斜支撑将墙板进行固定。先将U形卡座安装在预制墙板上和叠合楼板预埋套筒上，分别将长、短斜支撑与墙板、楼面上的U形卡座通过螺栓连接，如图2-8、图2-9所示。预埋支撑卡座时，要特别注意转角处支撑卡座的位置，一般一侧墙板预埋卡座应比另一侧墙板预埋卡座高150mm，防止相邻两侧支撑打架，无法使用。

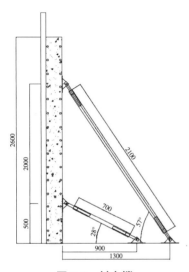

图 2-8　斜支撑

图 2-9　斜支撑实体图

③墙板垂直度校正措施：利用长钢管斜支撑调节杆，通过长钢管上的可调节装置对墙板顶部的水平位移的调节来控制其垂直度。

④钢管斜支撑调节杆安装时，应保证叠合楼板现浇层至少达到C15混凝土强度，楼板养护时间不少于两天，以满足斜支撑的受力要求。

（4）套筒灌浆施工

①灌浆施工准备

a. 灌浆施工人员正确佩戴劳动保护用品，并经技能培训合格后持证上岗作业；

b. 检查搅拌机、空压机等灌浆施工设备，保证机具正常运转；

c. 灌浆材料和拌合用水分开存放于搅拌机附近；

d. 检查预埋灌浆套筒保护措施是否完好；

e. 楼板现浇混凝土强度等级控制；

f. 用自来水冲刷拉毛表面，冲掉浮灰并润湿基面。

②灌浆料搅拌

严格按照规定配合比及拌合工艺拌制灌浆材料。拌合时先加水后加料，用搅拌机快速搅拌均匀，静置 2～3min 排气后，方可施工。

③分仓勾缝封堵

a. 预制墙板外侧封堵：预制墙板外侧封堵采用 30mm 厚橡塑棉条，在墙体吊装时留置，位置要准确，与墙板内保温板位置一致。有套筒灌浆连接接头部位不得用橡塑棉条搭接，无套筒灌浆连接接头部位允许用橡塑棉条搭接，但必须做成 45° 楔形。

b. 坐浆砂浆分仓、封仓，如果缝隙较大，则分两次封闭，避免封边材料被挤压到灌浆区而堵塞套筒插筋口。一定避免封仓材料离插筋太近，从而保证套筒插筋的保护层厚度。封仓砂浆进入墙板内叶板（承重部分）深度控制在 10～15mm。分仓也采用坐浆砂浆和专用工具进行。

④套筒灌浆

a. 采用低压力灌浆工艺，通过控制灌浆压力来控制灌浆过程中的浆体流速，控制依据以灌浆过程中本灌浆腔内已经封堵的灌浆孔或排浆孔的橡胶塞能耐住低压灌浆压力不脱落为宜，如果出现脱落，则立即塞堵并调节压力。

b. 同一块墙板有多个灌浆腔且存在无套筒的灌浆腔时，首先灌注无套筒的灌浆腔。

5）叠合板、预制楼梯安装控制要点

（1）叠合板安装控制要点

①叠合楼板起吊时，要尽可能减小在非受力方向因自重产生的弯矩，采用预制构件吊装梁进行吊装，根据板的规格尺寸采用 4～8 个吊点均匀受力，保证构件平稳吊装。

②起吊时要先试吊，先吊至距地面 500mm 停止，检查钢丝绳、吊钩、吊具的受力情况，使叠合楼板保持水平，若无异常情况再吊至作业层上空。

③就位时叠合楼板要垂直向下安装，在作业层上空 500～1000mm 处略作停顿，由施工人员手扶叠合楼板调整方向，然后再降至安装位置上方 200mm 处，将板的边线与墙上的安装位置线对准下落。注意避免叠合楼板上的预留钢筋与墙体钢筋打架。下落时要慢放、停稳，严禁快速猛放，以避免冲击力过大造成板面产生裂缝。

④依据预制构件吊装顺序图依次安装整层叠合楼板底板。

（2）预制楼梯安装控制要点

①根据施工图，弹出楼梯安装控制线，对控制线及标高进行复核。楼梯侧面距结构墙体预留 30mm 空隙，为后续初装的抹灰层预留空间。

②在楼梯端上下口梯梁处垫 2 组 60mm×60mm 的钢垫片，每组由 2mm 厚和 4mm 厚

钢垫片组合，钢垫片上表面用水准仪抄测标高。

③预制楼梯板采用球头吊钉吊具，利用楼梯板上预埋的四个吊钉进行吊装，确认连接牢固后缓慢起吊。预制楼梯吊装示意图详见图2-10。

④起吊时要先试吊，先吊至距地500mm停止，检查钢丝绳、吊钩、吊具的受力情况，若无异常情况再吊至作业层上空。

⑤就位时预制楼梯板要从上垂直向下安装，在作业层上空500～1000mm处略作停顿，由施工人员手扶楼梯板调整方向，然后再降至安装位置上方200mm处，对准安装位置线后下落。下落时要慢放、停稳，严禁快速猛放，以避免冲击力过大造成楼梯板产生裂缝。

⑥楼梯板基本就位后，根据控制线，利用撬棍微调、校正。

⑦楼梯板校正完毕后，将固定端楼梯板与楼梯梁采用预埋螺栓灌浆连接，活动铰端楼梯板与楼梯梁采用螺栓连接。

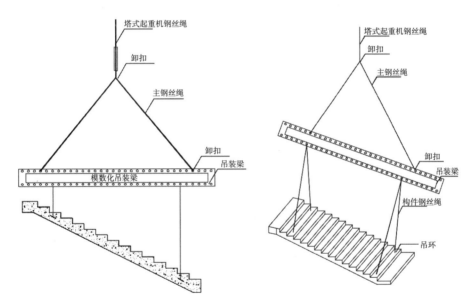

图2-10 预制楼梯吊装示意图

6）预制阳台板、空调板安装控制要点

（1）构件起吊

①预制阳台板、空调板采用四点吊装。

②试吊阳台板、空调板，试吊高度不应超过1000mm。

③检查吊点位置是否准确，起吊构件是否水平，吊索受力是否均匀等。

（2）测量放线

安装预制阳台板和空调板前测量并弹出相应的控制线。

（3）支撑架搭设

①预制阳台板、空调板板底支撑采用钢管脚手架、可调顶托和木托形式，吊装前校对支撑高度是否有偏差，并作出相应调整。

②预制阳台板、空调板支撑宜采用承插式、碗扣式脚手架进行架设，支撑部位须与结构墙体有可靠的刚性拉结节点，支撑应设置斜支撑等构造措施，以保证架体整体稳定。

③预制阳台板、空调板等悬挑构件支撑拆除时，除应达到混凝土结构设计强度外，还应确保该构件能承受上层阳台通过支撑传递下来的荷载。

（4）安装就位

①在预制阳台板、空调板吊装的过程中，预制构件吊至支撑位置上方100mm处停顿，调整位置，使锚固钢筋与已完成结构预留筋错开，然后进行安装就位，安装时动作要缓慢，构件边线与控制线闭合。

②预制阳台板、空调板等预制构件吊装至安装位置后，须设置水平抗滑移的连接措施，必要时与现浇部位的梁板构件附加必要的焊接连接。

③预制阳台板、空调板安装时应根据图纸尺寸确定挑出长度，阳台板、空调板的外边缘应与已施工完成层阳台板、空调板外边缘在同一直线上。

④预制阳台板、空调板外侧须有安全可靠的临边防护措施，确保预制阳台板、空调板上部施工人员操作安全。

（5）复核

①预制阳台板、空调板安装好，取钩完毕后，对其进行校正复核，保证安装质量。

②复核构件位置，进行微调，保证水平放置，最后再用U形托调整标高。

7）转换层插筋定位控制措施

（1）插筋孔位置浇筑之前校对：在浇筑混凝土前通过轴线在现浇楼板模板上面放出控制线，并在现浇楼板模板上弹出插筋所在位置。

（2）插筋孔位置浇筑过程控制：在转换层部位预留插筋的位置用施工前预先设计定制做好的定型钢板模具，长度为预制剪力墙长度、宽度为预制剪力墙宽度，厚度4mm，预埋钢板开孔位置对应预制剪力墙板连接套筒，开孔孔径比墙体插筋直径大2~3mm，待浇筑剪力墙混凝土时利用定位钢板固定墙体插筋位置，待混凝土强度达到1.2MPa时移除模具。

（3）插筋孔位置浇筑后控制：在浇筑楼板混凝土时重新复核插筋孔位置是否存在偏差，有偏差应及时调整，使其保持在施工要求控制范围内。

（4）根据设计图纸上的插筋位置在定位支架上开设定位通孔，由有相应资质的厂家进行定制。定位钢板厚度以 3 ~ 4mm 为宜，由预制剪力墙板插筋位置大小确定定制钢板的具体尺寸，见图 2-11。

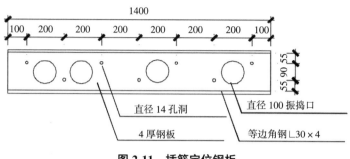

图 2-11　插筋定位钢板

8）试验及复试项目

（1）灌浆料需进行材料复试。

（2）灌浆料与灌浆套筒需进行匹配性试验。

（3）灌浆套筒平行试件每个流水段按 500 根取一组，每种规格每组各 3 根。

（4）拌制好的灌浆料需做试块，每个流水段一组，规格 40mm × 40mm × 160mm，3 块。

（5）试验注意事项：

①因预制墙体间暗柱出地面尺寸较小，直螺纹接头取样位置调整需提前对接设计院及建设单位、监理单位。

②灌浆饱满度进行检测，采用检测器。

③灌浆全过程需留存影像资料。

三、预制率、装配率

1. 预制率

（1）预制率是指工业化建筑室外地坪以上的主体结构和围护结构中，预制构件部分的混凝土用量占对应构件混凝土总用量的体积比。

（2）预制率是衡量主体结构和外围护结构采用预制构件的比率，只有最大限度地采用预制构件才能充分体现工业化建筑的特点和优势，而过低的预制率则难以体现。经测算，低于 20% 的预制率的建筑，基本上与传统现浇结构的生产方式没有区别，因此，也不可能成为工业化建筑。

2. 装配率

（1）装配率是指工业化建筑中预制构件、建筑部品的数量（或面积）占同类构件或部品总数量（或面积）的比率。

（2）装配率是衡量工业化建筑所采用工厂生产的建筑部品的装配化程度，最大限度地采用工厂生产的建筑部品进行装配施工，能够充分体现工业化建筑的特点和优势，而过低的装配率则难以体现。基于当前我国各类建筑部品的发展相对比较成熟，工业化建筑采用的各类建筑部品的装配率不应低于50%。

第二节　装配式钢结构

一、装配式钢结构概述

1. 装配式钢结构概念

装配式钢结构是指由钢结构体系作为依托，通过与围护系统、设备与管线和内装修系统和谐统一形成整体的建筑形式，主要形式为装配式钢结构住宅，见图 2-12。

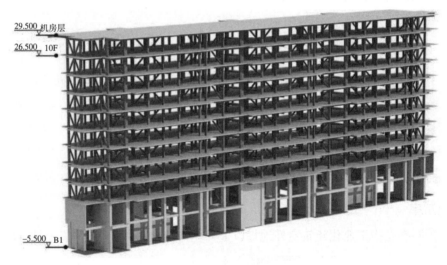

图 2-12　装配式钢结构住宅示意图

2. 装配式钢结构住宅的优势

（1）节约资源与成本且环保。装配式钢结构住宅的主要建筑材料为钢材，具有自重轻、施工便捷的特点，施工期间相比传统混凝土结构住宅很大程度地减少支撑体系、砂、石料、水泥等建筑材料的使用，且钢结构住宅后期拆除后可回收利用，因此钢结构住宅在一定程度上节约资源与成本，且具有环境污染少和生态破坏小等优点。

（2）结构安全，抗震性能好。钢是延性材料，钢结构相比传统结构形式其抗震性能更好，通过防腐和防火专业处理技术可以提高其住宅性能，从而满足建筑耐久性。

（3）空间布局灵活，可利用率高。装配式钢结构住宅的大柱网、大开间使得空间布置灵活，内墙均为非承重墙，用户可根据自身需求进行二次分割和布置，增加了建筑布置的灵活性，能更好地满足用户的要求。

（4）大幅度缩短工期。装配式钢结构建筑符合建筑工业化的发展要求。由于钢结构住宅主要采用钢柱、钢梁、钢楼梯、钢筋桁架楼承板，其尺寸经深化在工厂里定制加工，质量可控，尺寸精准，易与相关部品配合，工业化程度高，可根据工期提前加工，主要构件进场后采用螺栓和焊接的方式进行安装，安装速度较快，相比传统现浇混凝土结构住宅对混凝土龄期要求程度低，进而缩短工期，提供工作效率。

二、装配式钢结构住宅的系统构成

1. 装配式钢结构住宅结构体系

1）钢框架——支撑体系

装配式钢结构住宅通常采用钢框架——支撑体系，对于多层及中高层建筑，由于侧向作用力的增大，使得梁柱等构件尺寸也相对较大，失去其经济合理性，而装配式钢结构住宅在框架体系中部分框架柱之间设置支撑，形成框架——支撑体系。这种结构在水平荷载作用下，通过刚性楼板或弹性楼板的变形协调与刚接框架共同工作，形成双重抗侧力结构体系。支撑是第一道防线，框架是第二道防线，使得该体系具有良好的抗震性能和较大的抗侧刚度，见图2-13。

图 2-13　钢框架——支撑结构体系施工现场

主要构件形式：

矩形钢管柱：钢柱通常采用矩形钢管，矩形钢管柱各向等强，抗扭刚度大，承载能力高，安装方便；符合我国传统的梁柱结构的做法观念，在建筑室内布局上矩形钢管柱易于被居民接受而且房屋的净面积提高。钢管为闭口截面，抗腐蚀性能好，且易于后期装修。

钢梁：通常采用 H 型钢梁。可采用高频焊接 H 型钢、普通焊接 H 型钢或热轧 H 型钢，截面尺寸灵活配置，可充分发挥材料承载力，降低用钢量。

钢梁的主要截面高度通常控制在 250～500mm，宽度一般在 130～150mm，方便节点连接。次梁采用组合梁，考虑混凝土楼板的组合作用，次梁的宽度尽量减小，避免室内出现凸梁。

支撑：抗侧力支撑为中心支撑。中心支撑的两端均位于梁柱相交处，支撑的中心线与梁柱的中心线交在一起，支撑轴力可以有效传递到梁柱处，而且不会产生附加弯矩。根据层高、柱距、墙体门洞开设等条件，中心支撑的立面布置形式有：十字交叉支撑、单斜杆支撑、人字形支撑或 V 字形支撑、K 字形支撑等。如果选择单斜杆支撑，需要在相应的柱间对称布置支撑。

抗侧力中心支撑在楼层平面的布置，需要结合建筑使用功能来合理选取位置。一般情况下，在两侧山墙、分户墙处可以布置横向支撑，因为山墙和分户墙都是整面墙体，很少有门窗洞口。纵向支撑一般不能布置在外墙处，因为纵向外墙多是阳台、房间大窗户，不能破坏立面建筑效果，可以布置在核心功能区，结合楼、电梯间以及公共内墙位置布置。支撑的截面构成可以采用箱形截面。箱形截面的支撑两个方面刚度相近，布置比较方便。

2）组合楼板形式

装配式钢结构住宅通常采用钢筋桁架楼承板作为组合楼板，是将楼板中的钢筋在工厂加工成钢筋桁架，再将钢筋桁架与镀锌钢板或其他板材现场用连接件装配成一体，其上浇筑混凝土，形成钢筋桁架混凝土楼板，下表面平整，底模可以重复利用，更加契合可持续发展的建造模式。钢筋绑扎由工厂机械化进行，减少了现场钢筋绑扎量的 70%，并大幅度地提升了施工质量；钢筋桁架板直接铺设，减少了现场大量的临时支撑，而且三层楼面可以同时浇筑混凝土，现场施工速度提高了 50%。

楼板的底模可拆卸、重复利用；底模拆除后露出混凝土楼板顶棚，符合人们对住宅的心理预期，板底平整，抹灰工作量小。

2. 装配式钢结构住宅围护体系

1）装配式钢结构住宅外围护常用体系

传统的钢结构中，使用较多的墙体材料是砌块。砌块的自重比较大，并且还会占用较大的空间，已经无法满足当前钢结构建筑的要求。随着装配式钢结构建筑的不断发展，已经出现了低碳、绿色、适合现场装配、工厂生产的新型墙体。这些新型墙体不仅能够满足外围护墙体的基本要求，同时还可以提升墙体的强度。

（1）硬泡聚氨酯板外墙外保温系统

硬泡聚氨酯板外墙外保温的主要组成有硬保温部分以及胶粉聚苯颗粒。此种墙体应用到装配式钢结构建筑中，具有成本较低、操作简单、施工方便等优势，目前在发达国家已经得到广泛应用。

（2）外墙聚合物水泥聚苯保温板

外墙聚合物水泥聚苯保温板的主要组成包括装饰面层、增强网片、底层抹灰、防潮层、粘结层以及基层等部分。外墙聚合物水泥聚苯保温板的主要优势是可以实现工厂化生产、施工方便、构造简单等。

（3）预制保温夹心板

预制保温夹心板一般由混凝土结构外部墙面、内外墙连接件以及混凝土、XPS挤塑板构成的内墙组成。其中，重要的一种材料是XPS挤塑板，其是硬质泡沫板，具有良好的保温性能及抗压性能，可以承受较多的载荷。装配式钢结构施工过程中，XPS挤塑板可以直接在工厂预制，然后运输到施工现场进行安装。

（4）外挂式保温复合墙体

外挂式保温复合墙体的常见材料为聚苯乙烯泡沫板、硬质聚氨酯泡沫塑料板、岩棉以及玻璃棉等。装配式钢结构建筑中使用较多的外保温墙体材料为岩棉和玻璃棉。聚苯乙烯泡沫板和硬质聚氨酯泡沫塑料板具有较好的密封性，并且防水、防潮效果比较好。对于钢结构建筑来说，外挂式保温复合墙体不仅能够满足基本的防水、防潮、隔声、保温等性能，还能够减小墙体的厚度，增加钢结构建筑的使用面积。外挂式保温复合墙体的安装方式为外挂式，还能避免梁、柱等主体结构受到风蚀、雨淋、日晒的破坏。

2）装配式钢结构住宅内隔墙体系

内隔墙体系常用的内墙为预制轻质内隔墙——轻质陶粒混凝土空心隔墙板（图2-14、图2-15），由陶粒、水泥、粉煤灰等多种工业废渣组成，经搅拌挤压养护而成。它具有质量轻、强度高、多重环保、保温隔热、隔声、呼吸调湿、防火、快速施工、降低墙体成本等优点，同时具有良好的耐老化性能，在光和空气中不会老化。其外形像空心楼板的新型节能墙材料，其两边有公母榫槽，安装时只需将板材立起，公、母榫涂上少量嵌缝砂浆后对拼起来即可。

长度尺寸（L）：一般不大于3.6m，为层高减去楼板顶部结构件厚度及技术处理空间尺寸，也可由供需双方协商确定。宽度尺寸（B）：主规格为600、610、1200mm。厚度尺寸（T）：主规格为90、120mm，也有60、75、100、150mm等规格。

图 2-14　装配式预制混凝土空心隔墙板示例 1

图 2-15　装配式预制混凝土空心隔墙板示例 2

　　3）内隔墙与管线、装饰一体化

　　室内装修设计提前介入，与建筑、结构、机电及深化单位各专业协同紧密配合，进行轻质隔墙与管线、装饰一体化设计，对需要在轻质隔墙预留的线盒预埋、机电管线、点位接口等准确定位，满足装修一次到位要求，保证建筑设计与装修设计的一致性，避免对轻质隔墙进行现场开槽，提高住宅品质。

　　室内装修的一体化设计图纸送进轻质隔墙工厂加工，使轻质隔墙满足机电专业线盒及管线预留预埋要求，包括结合机电专业预留管道以及装饰面等要满足内装设计要求，现场只做装配组装，实现内隔墙与管线一体化，即电气及给水排水管线埋设在内隔墙空腔内；内隔墙与装饰一体化（图 2-16），即内隔墙板免抹灰，可直接刮腻子涂涂料。

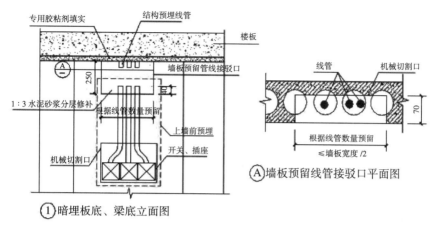

① 暗埋板底、梁底立面图

Ⓐ 墙板预留线管接驳口平面图

图 2-16 内隔墙与管线一体化示意图

3. 装配式钢结构住宅设备及配套体系

装配式钢结构住宅项目通常会根据地方政策要求实现机电、装修一体化，即在建筑物施工前进行建筑结构、装修、机电安装一体化，将室内装修所使用的产品以工厂化机械制式生产，以工厂化生产的方式严格控制产品的质量，现场只做装配组装的室内装修方式。

采用建筑、结构、机电、装修一体化，可以为电气、给水排水、暖通各点位提供精准定位，不用现场剔槽、开洞，避免错漏碰缺，保证安装装修质量。一体化室内精装设计施工，大规模集中采购，装修材料更安全、环保，标准化的装修保障了装修质量，避免二次装修对材料的浪费，最大程度地节约材料。装配式钢结构住宅项目宜采用全装修设计，保证了装修品质，装修部品工厂化加工，选材优质绿色，杜绝了传统装修方式在噪声和空气上带来的污染。

结合所采用预制楼板、预制轻质隔墙和机电管线安装的特点，对机电管线及内部精装方案进行如下深化设计：

（1）在建筑设计的初期，室内设计提前介入，针对建筑设计中不合理的地方进行改造，两者结合起来统一设计，如预制轻质隔墙满足机电专业线盒及管线预留预埋要求，包括结合机电专业预留管道等要满足内装设计要求，实现土建、机电、装修一体化。

（2）在建筑物施工前进行装修、土建、机电安装一体化，对预留线盒预埋、机电管线、点位接口等准确定位，满足装修一次到位要求，保证建筑设计与装修设计的一致性，避免对结构墙体的剔凿，确保结构安全，提高住宅品质。室内装修的设计图纸送进工厂加工，将室内装修所使用的产品工厂化生产，以工厂化的稳定的流程控制产品的品质，现场只做装配组装，实现装修、土建、机电一体化。

三、装配式钢结构住宅实施

1. 装配式钢结构住宅项目工作机制建立

建设单位加强对预制构件生产环节的质量管理，在构件生产环节进行监理，建立构件生产首件验收和现场安装首段验收制度；设计单位严格执行装配式建筑体系的相关规范、标准及图集要求，保证施工图纸的准确可靠；生产企业确保构件质量，应委托有资质的检测单位对构件性能进行见证检验；施工单位确保安装质量，加强验收，加强构件安装质量控制；监理单位加强对生产和安装的质量监理。

根据装配式钢结构住宅特点成立"装配式钢结构住宅项目管理团队"，由建设单位管理团队对整个项目进行统筹管理并协调各方工作。

总包单位技术顾问提供技术支持，项目部进行统筹协调，监理单位负责装配式项目生产施工的验收，构件厂家负责构件生产及优化，施工单位现场管理实施落地。

2. 装配式钢结构住宅验收制度建立

1）装配式钢结构住宅预制构件验收制度

首批原材料到厂，建设单位组织设计、监理、施工、生产单位等参建各方到厂内进行联合取样，送检合格后方可制作。

构件生产期间，建设单位委派专业监理驻场，负责材料验收、构件质量检查与验收。构件出厂前经构件厂自检通过后报监理验收，监理验收通过后方可出厂。验收记录影像资料及表格留档。

构件厂验检合格后构件方可出厂，进入施工现场，甲方、监理、总包、构件厂应在现场进行四方验收，合格后方可安装。

2）装配式钢结构住宅工程验收制度

建设单位应组织设计、监理、施工、构件生产单位等各参建单位建立装配式建筑工程验收制度，并制订完整的验收工作计划。

首个标准层构件吊装时，建设单位组织设计、监理、施工、构件生产单位等各参建单位进行联合验收。验收后形成验收报告，批量施工前必须对验收报告中提出的问题进行书面回复。

首个装配式标准层钢结构安装完成后，建设单位组织设计、监理、施工、构件生产单位等参建各方进行工程验收，重点检查钢构件安装质量。

3. 装配式钢结构住宅构件生产管理

构件生产根据现场分区布置及安排安装进度，制订相应构件的加工制作计划，并根据计划制定科学的材料、人力及设备投入计划。材料分类管理，做到材料专用；加强对工人的理论与技能培训，制作前严格按规范及设计要求进行各项工艺试验。制作时投入有经验的技术工人及先进的设备，严格按工艺要求加工。过程中严格检查制度，确保加工质量，并针对复杂构件及节点组装、预拼装、涂装等重点工序进行跟踪检查。

4. 装配式钢结构住宅生产质量控制

1）质量控制措施

钢构件在出厂前，制造厂应根据有关制作的规范、规定以及设计图的要求进行产品检验，填写质量报告、实际偏差值。钢构件交付施工现场后，现场再在制造厂质量报告的基础上，根据构件性质分类，再进行复检或抽检。

钢构件预检的计量工具和标准应统一，质量标准也应统一，特别是对钢卷尺的标准要特别重视，有关单位应各执统一标准的钢卷尺。结构安装单位对钢构件进行预检的项目，主要是与施工安装质量和工效直接有关的数据，如外形尺寸、螺孔大小和间距、焊缝坡口、节点摩擦面、附件数量规格等。构件的内在制作质量应以制造厂质量报告为准。预检数量，一般是关键构件全部检查，其他构件抽检10%～20%，应记录预检数据。

钢构件预检可由监理单位派人驻厂掌握制作加工过程中的质量情况，所有钢构件的预检工作需报驻厂监理检查，发现问题可及时进行处理，构件的发运需得到监理的签字确认后方能出厂，严禁不合格的构件出厂。

钢构件进场后，按货运单检查所到构件的数量及编号是否相符，发现问题应及时在回单上写明并反馈制作厂，以便工厂更换补齐构件。按设计图纸、规范及制作厂质检报告单，对构件的质量进行检查验收。

2）构件成品保护措施

工程生产过程中，制作、运输等均需制定详细的成品、半成品保护措施，防止变形及表面油漆破坏等，任何部门或个人忽视此项工作均将对工程顺利开展带来不利影响，因此制定表2-1所示的成品保护措施。

成品保护的具体措施 表 2-1

工厂制作成品保护措施	
序号	保护措施
1	成品必须堆放在车间中的指定位置
2	成品在放置时，在构件下安置一定数量的垫木，禁止构件直接与地面接触，并采取一定的防止滑动和滚动措施，如放置止滑块等；构件与构件需要重叠放置时，在构件间放置垫木或橡胶垫，以防止构件间碰撞
3	构件放置好后，在其四周放置警示标志，防止工厂其他吊装作业时碰伤该工程构件

续表

工厂制作成品保护措施	
序号	保护措施
4	针对该工程的构件有不少散件的特点，设计专用的箱子放置工具
5	在成品的吊装作业中，捆绑点均需加软垫，以避免损伤成品表面和破坏油漆

运输过程中成品保护措施	
序号	保护措施
1	构件与构件间必须放置一定的垫木、橡胶垫等缓冲物，防止运输过程中构件因碰撞而损坏
2	散件按同类型集中堆放，并用钢框架、垫木和钢丝绳进行绑扎固定，杆件与绑扎用钢丝绳之间放置橡胶垫之类的缓冲物
3	在整个运输过程中为避免涂层损坏，在构件绑扎或固定处用软性材料衬垫保护

现场安装成品保护措施	
序号	保护措施
1	构件进场应堆放整齐，防止变形和损坏，堆放时应放在稳定的枕木上，并根据构件的编号和安装顺序来分类
2	构件堆放场地应做好排水，防止积水对构件的腐蚀
3	在安装作业时，应避免碰撞、重击
4	少在构件上焊接过多的辅助设施，以免对母材造成影响

涂装面的保护措施	
序号	保护措施
1	避免尖锐的物体碰撞、摩擦
2	减少现场辅助措施的焊接量，尽量采用捆绑、抱箍
3	现场焊接、破损的母材外露表面，在最短的时间内进行补涂装，材料采用设计要求的原材料

摩擦面的保护措施	
序号	保护措施
1	工厂涂装过程中应做好摩擦面的保护工作
2	构件运输过程中，做好构件摩擦面的防雨淋措施

后期成品保护措施	
序号	保护措施
1	焊接部位及时补涂防腐涂料
2	其他工序介入施工时，未经许可，禁止在钢构件上焊接、悬挂任何构件
3	支座的防护：交工验收前，在已完成的支座周围设置围栏，以免支座受到碰撞和损坏

5. 装配式钢结构住宅构件运输及进场

1）装配式钢结构住宅构件运输

构件运输是一个能否保证构件质量的重要环节，稍有疏忽就会引起产品损坏，甚至报废，因此要给予足够重视。

（1）将钢构件从生产基地运抵工地，要根据施工计划的安装顺序，分单元成套供应，按批按段运输，先安装的先运，后安装的后运，不是本单元使用的构件不应提前送至现场，以免混淆和丢失。

（2）运输形式应根据构件和收货地点（市内、市外、境外）及构件的几何形状等来确定，可以采用公路、铁路、水路等运输形式。

（3）运输钢构件时，还应根据其长度、重量、形状来选用车辆，构件在车辆上的支点、两端伸出长度及捆扎方法要保证构件不会发生变形，也不会损伤涂层，否则要采取防护措施。

（4）特殊钢构件运输，应事先作路线踏勘，对沿途路面、桥梁、涵洞、公共设施作有效防护、加固、避让，以便车辆顺利通过。

（5）车辆装载构件不宜太高，否则造成重心过高，会使车辆在颠簸路面或转弯时，引起倾覆，造成事故和损失。

（6）运输时，还必须符合和遵守国家水、陆路运输管理的各项规定、法则、法令等。

2）装配式钢结构住宅构件的堆放

（1）现场存放钢构件的场地应平整坚实，无积水。

（2）对工程量大的施工现场，由于构件量大，规格、品种繁多，存放的要求也不同，因此需事先作出计划，做好准备，防止出现多次重复运输的情况。

（3）钢构件应按种类、型号、安装顺序靠近使用位置存放，避免出现到处翻找构件的现象。

（4）钢构件下垫枕木应有足够的支承面，要防止支点下沉，相同型号构件叠放时，各钢构件的支点应在同一垂线上，且要防止叠放过多，使构件压坏和变形，见表2-2、图2-17。

钢结构现场的堆放要求 表2-2

序号	层次、顺序及规则
1	构件堆放按照钢柱、钢梁、钢桁架及其他构件四类进行
2	构件应按照便于安装的顺序进行堆放，即先安装的构件堆放在上层或者便于吊装的地方
3	构件堆放时一定要注意把构件的编号或者标识露在外面或者便于查看的方向
4	各段钢结构施工时，同时进行主体结构混凝土施工，并穿插其他各工种施工，在钢构件、材料进场时间和堆放场地布置时应兼顾各方
5	所有构件堆放场地均按现场实际情况进行安排，按规范规定进行平整和木方支垫，不得直接置于地上，要垫高200mm以上，以便减少构件堆放变形；钢构件堆放场地按照施工区作业进展情况进行分阶段布置、调整
6	每堆构件与构件之间应留一定距离，供构件预检及装卸操作用，每隔一定堆数还应留出装卸机械翻堆用的空地
7	由于现场场地有限，现场堆放量不应超过后两天吊装的构件数量

图 2-17　钢构件堆放场地示意图

3）装配式钢结构住宅构件工序交接的保护

（1）采用书面形式由双方签字认可，由下道工序作业人员和成品保护负责人同时签字确认，并保存工序交接书面材料，下道工序作业人员对防止成品的污染、损坏或丢失负直接责任，成品保护专人对成品保护负监督、检查责任。

（2）作业前应熟悉图纸，制订多工种交叉施工作业计划，既要保证工程进度，又要保证交叉施工且不产生相互干扰，防止盲目赶工期，造成互相损坏、反复污染等现象的产生。

（3）提高成品保护意识，以合同、协议等形式，明确各工种对上道工序质量的保护责任及本工序工程的防护，提高产品保护的责任心。

6. 装配式钢结构住宅项目施工组织

1）施工总平面图布置原则

为保证施工现场布置紧凑合理，现场施工顺利进行，确定施工平面布置原则如下：

（1）合理布置现场，规划好构件存放、安全通道及进出口，避免场内的二次转运，降低运输成本。

（2）应在允许的施工用地范围内布置，避免扩大用地范围，合理安排施工工序，分阶段进行施工场地规划，将对施工道路交通及周围环境的影响程度降至最小，将现有场地的作用发挥到最大。

（3）施工场地的布置既要方便施工管理，又要能确保满足施工质量、安全、进度和环保的要求，不能顾此失彼。

（4）施工布置需整洁、有序，同时做好施工防噪、扬尘措施，创建文明施工工地，工地应作为美化和宣传窗口，为城市建设添光彩。

（5）场地布置还应遵循"三防"原则，消除不安定因素，防火、防水、防盗设施齐全且布置合理。

（6）需满足结构施工进度计划以及钢结构吊装施工方案需求。

2）施工平面图

（1）为了满足装配式钢构件的安装及施工环境要求，主要采用塔式起重机进行吊装，塔式起重机型号根据单次构件最大吊重量综合考虑。

（2）在施工过程中尽量采取按照现场安装需要发货，少量构件存放可布置在塔式起重机附近，靠近塔楼侧道路边，尽量减小对通道的影响。

（3）根据施工需求提出计划，由总承包单位统一规划布置。

（4）根据选定的塔式起重机型号和钢结构施工方案，提出具体的预制钢构件等构件的分节计划，然后由深化设计组进行各种构件的详细深化。

3）施工场内外准备

多高层钢结构工程在施工安装前现场的准备工作有：测量仪器及机械设备的准备、人员准备及培训、基础复测、钢构件（包括零部件、连接件等）的验收、构件运输、构件堆放、构件堆场支撑加固。

（1）测量仪器及机械设备的准备。

（2）人员准备及培训。

（3）基础复测

①测量控制点的移交与复测。

②根据测量控制中心线，复测柱脚螺栓群中心之间的平面定位，复测单个螺栓群的各个螺栓与基础中心的定位及螺栓垂直度等。

4）钢结构构件进场验收

施工单位对进场的钢结构构件进行验收，并形成钢结构构件进场验收记录。主要验收内容包括：钢构件原材料合格证、质保资料齐全；钢构件尺寸、形状符合设计要求；钢构件焊缝平滑、成型较好、焊渣和飞溅物清除干净；钢构件表面油漆喷涂均匀、完整，无漏涂现象等。

5）施工进度计划编制原则及说明

（1）编制依据

根据总体进度计划，结合现场实际情况及施工方案的总体思路，本着充分发挥技术、人力、资源和管理优势的原则，进行钢结构总进度计划的编制。

（2）充分考虑各专业流水施工的密切关系

钢结构施工与土建等相关专业关系密切，因此计划编排是充分考虑各专业施工的相互关系和侧重点来进行的。

（3）充分考虑钢结构内部施工的协调

充分考虑钢结构施工的特殊性，在施工准备阶段进行详细的因素分析，将钢结构施工各个工序进行分解，确定各工序时间，落实完成节点。

（4）充分考虑不利天气等因素

在施工过程中由于存在季节性气候影响，因此在编排工程进度计划时需适当考虑大风、大雨和大型机械设备正常维修时间。

第三节　装配式装修

一、发展背景

装配式装修是以标准化设计、工厂化部品和装配化施工为主要特征，实现工程品质提升和效率提升的新型装修模式。

2016年9月27日国务院办公厅印发《关于大力发展装配式建筑的指导意见》（国办发[2016]71号），本着节约资源能源、减少施工污染、提升劳动生产效率和质量安全水平，促进建筑业与信息化工业化深度融合、培育新产业新动能、推动化解过剩产能的目的，在目前我国整体建造施工过程装配率或预制率明显偏低的情况下，提出大力发展装配式建筑。此文中提出"实行装配式建筑装饰装修与主体结构、机电设备协同施工。积极推广标准化、集成化、模块化的装修模式，促进整体厨卫、轻质隔墙等材料、产品和设备管线集成化技术的应用，提高装配化装修水平。倡导菜单式全装修，满足消费者个性化需求。"在此背景下，常营三期剩余地块公共租赁住房项目、通州台湖公租房项目、朝阳堡头地区焦化厂公租房项目、北京城市副中心职工周转房项目一标段等一系列项目积极响应国家政策，并顺利实施，为后续装配式装修奠定了基础，从而培育出了一批技术先进、专业配套、管理规范的骨干企业和生产基地。

二、装配式装修系统构成

装配式装修主要包括十二大系统体系：轻质隔墙系统、快装墙面系统、架空地面系统、快装地板系统、集成吊顶系统、套装门窗系统、快装给水系统、薄法排水系统、集成供暖系统、集成卫浴系统、集成厨房系统、智能家居系统。

1. 轻质隔墙系统（节点示意详见图2-18、图2-19）

（1）灵活分隔空间。

（2）空腔管线集成。

（3）隔声效果可靠。

（4）应用环境宽泛。

图 2-18 轻质隔墙系统节点 1　　　　　　图 2-19 轻质隔墙系统节点 2

2. 快装墙面系统（节点示意详见图2-20、图2-21）

（1）分隔：轻质墙适用于室内任何分室隔墙，灵活性强。

（2）隔声：可填充环保隔声材料，起到降噪作用。

（3）调平：对于隔墙或结构墙面，以专用部件快速调平墙面。

（4）饰面：墙板基材表面集成壁纸、木纹、石材等肌理效果。

图 2-20 快装墙面系统节点 1　　　　　　图 2-21 快装墙面系统节点 2

3. 架空地面系统（节点示意详见图2-22、图2-23）

（1）架空：地脚支撑定制模块，架空层内布置水、暖、电管。

（2）调平：地脚螺栓调平，对0～50mm楼面偏差有强适应性。

（3）供暖：地暖管20年品质保证，模块内保温板布管灵活。

（4）保护：配置可拆卸的高密度平衡板，耐久性强。

（5）地板：超耐磨集成仿木纹免胶地板，快速企口拼装。

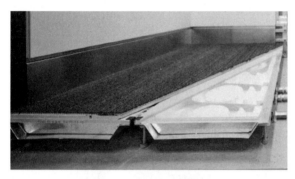

图2-22　架空地面系统节点1　　　　图2-23　架空地面系统节点2

4. 快装地板系统（节点示意详见图2-24、图2-25）

（1）原材绿色环保。

（2）规避干湿变形。

（3）企口拼装简便。

（4）饰面效果丰富。

图2-24　快装地板系统节点1　　　　图2-25　快装地板系统节点2

5. 集成吊顶系统（节点示意详见图2-26、图2-27）

（1）调平：专用几字形龙骨与墙板顺势搭接，自动调平。

（2）加固：专用上字形龙骨承插加固吊顶板。

（3）饰面：顶板基材表面集成壁纸、油漆、金属效果。

图 2-26　集成吊顶系统节点 1

图 2-27　集成吊顶系统节点 2

6. 套装门窗系统（节点示意详见图 2-28、图 2-29）

（1）内嵌：门扇由铝型材与板材嵌入结构，集成木纹饰面。

（2）冷轧：门窗、窗套镀锌钢板冷轧，表面集成木纹饰面。

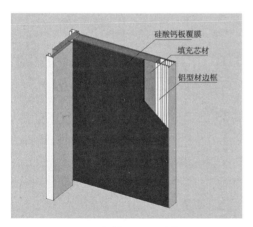

图 2-28　套装门窗系统节点 1

图 2-29　套装门窗系统节点 2

7. 快装给水系统（节点示意详见图 2-30、图 2-31）

（1）布置于结构墙与卫生间饰面层中间，实现了管线分离。

（2）开发了即插式给水连接件。

8. 薄法排水系统（节点示意详见图 2-32、图 2-33）

（1）在架空地面下，布置排水管，与其他房间无高差，空间界面友好。

（2）同层所有 PP 排水管胶圈承插，使用专用支撑件在结构地面上顺势排至公区管井。

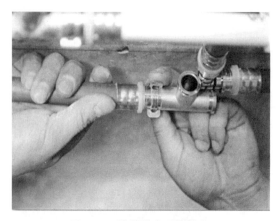

图 2-30　快装给水系统节点 1

图 2-31　快装给水系统节点 2

图 2-32　薄法排水系统节点 1

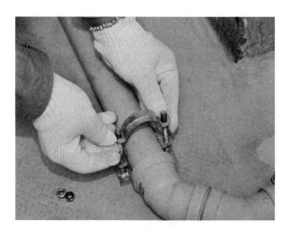

图 2-33　薄法排水系统节点 2

9. 集成供暖系统（节点示意详见图 2-34、图 2-35）

（1）模块布管灵活。

（2）向上导热率高。

图 2-34　集成供暖系统节点 1

图 2-35　集成供暖系统节点 2

（3）快速安装拆卸。

（4）易于管道更换。

10. 集成卫浴系统（节点示意详见图 2-36、图 2-37）

（1）墙面防水：墙板留缝打胶或者密拼嵌入止水条，实现墙面整体防水。

（2）地面防水：地面安装工业化柔性整体防水底盘，通过专用快排地漏排出，整体密封不外流。

（3）防潮：墙面柔性防潮隔膜，引流冷凝水至整体防水地面，防止潮气渗透到墙体空腔。

（4）浴室柜：可根据卫浴尺寸量身定制，防水材质柜体，匹配台面及台盆。

（5）坐便器：定制开发匹配同层排水的后排坐便器，契合度高。

图 2-36　集成卫浴系统节点 1

图 2-37　集成卫浴系统节点 2

11. 集成厨房系统（节点示意详见图 2-38、图 2-39）

（1）柜体：橱柜一体化设计，实用性强。

（2）台面：定制胶衣台面，厚度可定制，容错性高，实用性强，耐磨。

（3）排烟：排烟管道暗设吊顶内，采用定制的油烟分离烟机，直排、环保，排烟更彻底。

图 2-38　集成厨房系统节点 1

图 2-39　集成厨房系统节点 2

12. 智能家居系统（节点示意详见图 2-40、图 2-41）

（1）全屋集成配置。

（2）预留标准接口。

（3）远程无线控制。

（4）快速安装使用。

图 2-40　智能家居系统节点 1　　　　　　图 2-41　智能家居系统节点 2

三、装配式装修四大特征

（1）标准化设计：建筑设计与装修设计一体化模数，BIM 模型协同设计；验证建筑、设备、管线与装修零冲突。

（2）工业化生产：产品统一部品化，部品统一型号规格、统一设计标准。

（3）装配化施工：由产业工人现场装配，通过工厂化管理规范装配方式和程序。

（4）信息化协同：部品标准化、模块化、模数化，测量数据与工厂智造协同，现场进度与工程配送协同。

四、装配式装修施工特点

（1）将施工提前到图纸设计阶段：施工前，要将所有涉及的板块、辅材等（墙板、地暖模块、吊顶板、龙骨等）按照建筑图纸及施工需求进行深化。

（2）装配式装修所使用的材料种类繁多，根据装配式装修特点，做好进场材料的存放、使用及协调。

（3）提前做好筹划：装配式装修施工工序同湿作业不同，如地暖模块铺装时，一定要分户从内到外进行铺装。

（4）部品的生产及运输计划配套：部品的生产需要提前做好安排，从目前已施工项目影响工程进度的原因来看，生产供应是影响装配式装修的主要因素。

五、装配式装修施工

1. 快装隔墙及快装墙面系统

1）工艺流程（图2-42、图2-43）

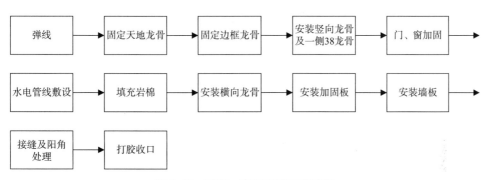

图 2-42 厨房、客厅隔墙工艺流程

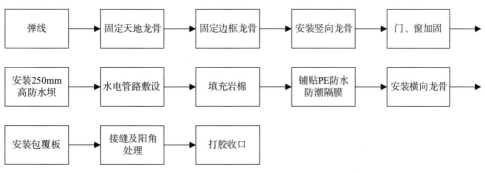

图 2-43 卫生间隔墙工艺流程

2）质量标准

（1）保证项目

①轻钢龙骨必须有产品合格证，其品种、型号、规格应符合设计要求。

检查方法：对照图纸检查产品合格证。

②轻钢龙骨使用的紧固材料，应满足设计要求及构造功能。安装时轻钢骨架应保证刚度，不得弯曲变形。骨架与基体结构的连接应牢固，无松动现象。

检查方法：用手推拉和观察检查。

③墙体构造的纵横向铺设应符合设计要求，安装必须牢固。包覆板不得翘曲变形、缺棱掉角，无脱层、折裂，厚度应一致。

检查方法：用手推振和观察检查。

（2）基本项目

①轻钢骨架沿顶、沿地龙骨应位置正确，相对垂直。竖向龙骨应分档准确、定位正直，无变形，上下留量10mm，间距应符合设计要求。

检查方法：观察检查。

②包覆板表面平整、洁净，缝隙应符合设计要求。

2. 架空地面及快装地板系统

1）工艺流程（图2-44）

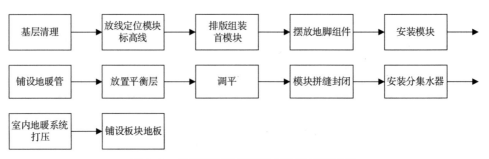

图2-44　架空地面及快装地板系统工艺流程

2）质量标准（详见表2-3）

模块式快装供暖地面工程安装的允许偏差和检查方法　　　　表2-3

项次	项目	允许偏差（mm）	检查方法
1	板面缝隙宽度	±0.5	用钢尺检查
2	表面平整度	2	用2m靠尺和楔形塞尺检查
3	踢脚线上口平齐	3	拉5m通线，不足5m拉通线和用钢尺检查
4	板面拼缝平直	3	
5	相邻板材高差	0.5	用钢尺和楔形塞尺检查
6	踢脚线与面层的接缝	1	用楔形塞尺检查

3. 集成吊顶系统

1）工艺流程（图2-45）

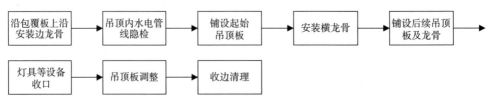

图2-45　集成吊顶系统工艺流程

2）质量标准（详见表2-4）

快装龙骨吊顶安装的允许偏差及检查方法　　表2-4

项次	项目	允许偏差（mm） 涂装板	检查方法
1	表面平整度	3	用2m靠尺和塞尺检查
2	接缝直线度	3	拉5m线（不足5m拉通线），用钢直尺检查
3	接缝高低差	2	用钢直尺和塞尺检查

4. 套装门窗系统

1）工艺流程（图2-46）

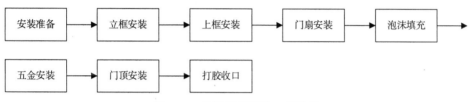

图2-46　套装门窗系统工艺流程

2）质量标准（详见表2-5）

门窗安装的允许偏差、留缝宽度和检验方法　　表2-5

项次	项目		允许偏差、留缝宽度（mm） Ⅰ级	Ⅱ、Ⅲ级	检验方法
1	框的正、侧面垂直度		2		用1m托线板检查
2	框的对角线长度差		2	3	用直尺检查
3	框与扇、扇与扇接缝处高低差		2		用楔形塞尺检查
4	门扇对口和扇与框间留缝宽度		1.5 ~ 2.5		
5	框与扇上缝留缝宽度		1.0 ~ 1.5		
6	门扇与地面间留缝宽度	外门	4 ~ 5		
		内门	6 ~ 8		
		卫生间门	10 ~ 12		
7	门扇与下坎间留缝宽度	外门	4 ~ 5		
		内门	3 ~ 5		

5. 快装给水系统

1）工艺流程（图 2-47）

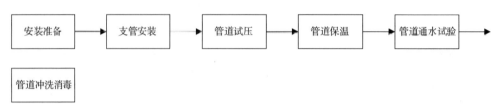

图 2-47　快装给水系统工艺流程

2）质量标准

（1）管道试压

①室内给水管道的水压试验必须符合设计要求和施工规范的规定。

②室内给水管道的水压试验必须符合设计要求，当设计未注明时，各种材质的给水管道系统试验压力均应为工作压力的 1.5 倍，但不得小于 0.6MPa。

③检验方法：

a. 金属及铝塑复合管给水管道系统在试验压力下观测 10min，压力降不应大于 0.02MPa，然后降至工作压力进行检查，应不渗不漏。

b. 塑料给水系统应在试验压力下稳压 1h，压力降不得超过 0.05MPa，然后在工作压力的 1.15 倍状态下稳压 2h，压力降不得超过 0.03MPa，同时检查各连接点不得渗漏。

（2）室内热水管道试验要求

①当设计未注明试验压力时，热水供应系统的试验压力应为系统顶点的工作压力加 0.1MPa。同时，系统顶点的试验压力不少于 0.3MPa。

②试验检验方法：热水供应系统：试验压力下，10min 内压力降不大于 0.02MPa，降至工作压力，检查压力应不下降，且不渗不漏为合格。

（3）室内给水管道交付使用前必须进行通水试验，并做好记录。

（4）室内给水管道在交付使用前必须冲洗和消毒，并经有关部门取样检验，符合现行国家标准《生活饮用水卫生标准》GB 5749 方可使用。

（5）给水管道必须采用与管材相适应的管件。生活给水系统所涉及的材料必须达到饮用水卫生标准。

检验方法：检查试验记录，检验检测报告，水嘴排放水，外观检测。

6. 薄法排水系统

1）工艺流程（图 2-48）

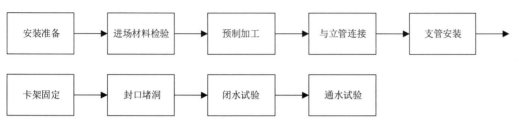

图 2-48 薄法排水系统工艺流程

2）质量标准（详见表 2-6、表 2-7）

塑料排水管无设计要求时其坡度标准   表 2-6

序号	管径（mm）	标准坡度（‰）	最小坡度（‰）
1	50	25	12
2	75	15	8
3	110	12	6

塑料排水横管安装时，固定件间距标准   表 2-7

公称直径（mm）	50	75	100
支架间距（m）	0.6	0.8	1.0

7. 集成卫浴系统

1）工艺流程

（1）卫生间地面施工（图 2-49）

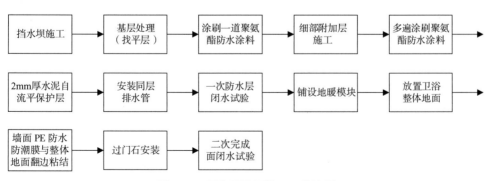

图 2-49 卫生间地面施工工艺流程

（2）整体底盘施工（图2-50）

图 2-50　整体底盘施工工艺流程

（3）五金及卫生洁具安装（图2-51）

图 2-51　五金及卫生洁具安装工艺流程

2）质量标准

（1）卫生间整体底盘表面不得有坑洞与裂缝。

（2）卫生间整体底盘与地面基层应粘结密实，不得有起鼓，踩踏时不得有起伏感。

（3）卫生间整体底盘表面颜色、纹理协调一致，洁净无胶痕。

（4）卫生器具交工前应作灌水和通水试验。

（5）卫生器具给水配件应完好、无损伤，接口严密，启闭部分灵活。

（6）与排水管道连接的各个卫生器具的受水口应采取妥善可靠的固定措施。

（7）连接卫生器具的排水管道接口应紧密不漏。

（8）卫生洁具的型号、规格、质量必须符合要求，卫生洁具排水口的连接处必须严密不漏。

8. 集成厨房系统

1）工艺流程（图2-52）

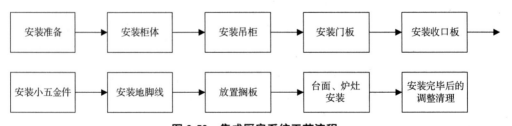

图 2-52　集成厨房系统工艺流程

2）质量标准（详见表2-8）

橱柜安装的允许偏差和检查方法　　　　表 2-8

项次	项目	允许偏差（mm）	检查方法
1	外形尺寸	3	用钢尺检查
2	立面垂直度	2	用 1m 垂直检测尺检查
3	门与框架的平行度	2	用钢尺检查

9. 设备和管线

1）工艺流程

（1）配管工艺流程（图 2-53）

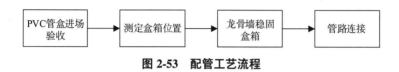

图 2-53　配管工艺流程

（2）管内穿线工艺流程（图 2-54）

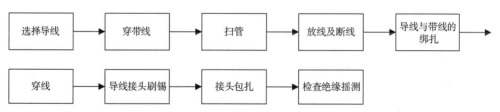

图 2-54　管内穿线工艺流程

（3）开关插座安装工艺流程（图 2-55）

图 2-55　开关插座安装工艺流程

（4）灯具安装工艺流程（图 2-56）

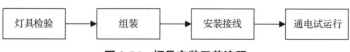

图 2-56　灯具安装工艺流程

2）质量标准

（1）穿入管内的绝缘导线，不准接头、局部绝缘破损及死弯，导线外径总截面面积不应超过管内面积的 40%。

（2）检查导线接线、绝缘层是否符合施工验收规范及质量验评标准的规定。不符合规定时应立即纠正，检查无误后再进行绝缘摇测，绝缘摇测应选用 1000V 兆欧表。

（3）铜导线连接时，导线的缠绕圈应不少于 5 圈。

（4）导线刷锡要均匀。刷锡后应用布条及时擦去多余的焊剂，保持接头部分清洁。

（5）配电箱（盘）安装应牢固、平正，其允许偏差不应大于 3mm，配电箱体高 50cm 以下，允许偏差 1.5mm。

（6）灯具型号必须符合设计图纸的要求，选型正确，各种灯具应资料齐全，必须有有效的生产许可证及"CCC"强制认证证书，其照度值不得小于设计值。

（7）吸顶或墙面上安装灯具固定用螺栓或螺钉不应少于 2 个，且安装位置应符合设计要求。

（8）开关安装位置其边缘距门框的距离应为 150 ~ 200mm。同一室内安装的高差不大于 5mm，同一墙面安装的高差不大于 2mm，偏差分别以面板的上沿、下沿、侧沿为准，不允许负偏差。

（9）建筑公用照明系统通电连续运行时间应为 24h，所有照明灯具均应开启，每 2h 记录运行状态 1 次，连续运行规定时间内无故障。漏电开关模拟试验要求其所有数据符合规范要求，所有漏电开关全数检查。照明系统通电试运行后，三相照明干线的各项负荷应均衡分配，其最大相负荷不超过三相负荷平均值的 115%，最小相负荷不小于三相负荷平均值的 85%。

第四节　装配式建筑工程常用机械

一、装配式建筑施工中常用的机械及设备

装配式建筑工程，根据装配式施工特性，其施工过程中常用的机械及设备包括运输车、塔式起重机、附着式升降脚手架（爬架）、灌浆设备等。其中，运输车主要用于预制构件运输；塔式起重机主要用于预制构件的吊装；附着式升降脚手架（爬架）主要作为装配式施工安全防护及操作作业面使用；灌浆设备主要用于竖向预制构件的灌浆施工。

二、装配式建筑机械设备选型与管理

1. 运输车辆选型与管理

1）预制构件运输车辆选型

目前装配式工程预制构件运输常用平板运输车，近年来国内市场已推出预制构件专用运输车，其具有无需吊装、节省时间成本、避免道路限高限宽制约、减少预制构件损坏等诸多优点。针对于预制构件运输所选车辆应综合考虑其成本、效率等因素。以湖南三一快而居住宅工业有限公司的 SY9401TYC 运输车辆为例，其产品型号及相关性能见表 2-9。

SY9401TYC 运输车辆产品型号及相关性能	表 2-9
产品型号	SY9401TYC
半挂车总质量	40000kg
半挂车整备质量	10500kg
有效载荷	29500kg
鞍座载重	16000kg
牵引销型号	90 号
外形尺寸（长、宽、高）	12310、2550、3260mm
载货区（长、宽）	9000、1530mm
牵引销离地高度	1260 ~ 1360mm
轮胎规格	ϕ385/65R22.5
夹具数量	标配 4 个，选配 6 个或 8 个
定制托盘数量（长 × 宽 × 高：9.5m × 1.5m × 3m）	标配 0 个

预制构件运输车示例见图 2-57。

图 2-57　预制构件运输车示例

2）预制构件运输车辆管理

施工单位对于预制构件车辆的管理，主要是针对于前期现场平面布置的水平交通及构件车进场的安全文明施工管理。施工现场预制构件运输道路宽度不应小于 5m，道路转弯半径不小于 15m，混凝土强度等级不低于 C25，工地出入口、主要道路混凝土厚度不小于 200mm。

2. 塔式起重机选型与管理

1）塔式起重机选型

（1）装配式建筑的户型大小、外形的多样性及拆分后构件的尺寸大小，决定垂直运输工具吊重的选择。如何提高垂直运输工具的效率，如何合理地安排构件的堆放位置，是提高装配式结构施工速度最直接的方法。但装配式构件的单块重量决定了塔式起重机的选型，起重量越大，单月塔式起重机的租赁费用越高。80 系列塔式起重机比 70 系列塔式起重机单月增加成本 30% 以上，但 40m 端头吊重只增加 2t。因此，如何根据实际情况，综合考虑构件单块重量，合理选用塔式起重机，是降低装配式建筑综合成本的一项重要措施。从多个装配式建筑的施工经验来看，综合成本最合理的为 70 系列塔式起重机。目前商品房项目或保障性住房建设项目多为群体项目。群体装配式建筑施工中，群塔作业应分层管理。一般群体建筑塔式起重机分为三层：高塔、次高塔及低塔。而装配式建筑受到竖向构件或楼梯踏步板构件的影响，分层高度比全现浇结构的高差要大于 5m 左右，这样就无形中增加了群塔施工的难度。因此，提出群体项目施工指导措施如下：

①装配式结构全部采用平头塔式起重机，增加高低塔之间的错塔空间。

②根据施工进度计划，合理安排群塔方案，减少附着道数，降低塔式起重机使用的综合成本。

③装配式结构的塔式起重机应采用 2 倍率钢丝绳，增加构件的单块吊装速度。

（2）塔式起重机吊重确定

项目施工前，先根据以下几点确定塔式起重机的吊重需求：

①所需要吊装的钢筋、模板、混凝土料斗、布料杆等现浇部分的最大及最优吊重需求。

②所需吊装的装配式构件最大的吊重需求。

③吊重需求确认后，根据 2 倍率的吊装性能选择塔式起重机。

（3）塔式起重机型号的选择

①当存在群塔作业时，考虑到塔式起重机之间的高差，装配式结构尽量选择平头塔进行施工。

②各单体的形状、尺寸及各单体之间的距离，决定了塔式起重机的辐射范围及塔式起重机的型号。

③项目的总用电量及塔式起重机的用电量决定了塔式起重机的选型。

④进行塔式起重机部署时，应尽量减少塔式起重机的旋转夹角，提高塔式起重机的作业效率。

⑤塔式起重机的基础尺寸由地基承载力及塔式起重机的使用说明书确定。

⑥常用塔式起重机型号及参数见表 2-10 ~ 表 2-12。

TC8039 参数表　　　　　　　　　　　　　　　表 2-10

臂长(m)	倍率	最大起重量的幅度范围(m)	16	18	21	26	31	35	40	45	50	55	60	65	70	75	80
80	2	3.5 ~ 31	12.5	12.5	12.5	12.5	12.5	10.9	9.33	8.11	7.14	6.35	5.69	5.14	4.67	4.26	3.9
80	4	3.5 ~ 16.2	25	22.1	18.4	14.21	11.42	9.78	8.2	6.98	6.01	5.22	4.56	4.01	3.54	3.13	2.77
75	2	3.5 ~ 32.3	12.5	12.5	12.5	12.5	12.5	11.4	9.79	8.52	7.51	6.68	6	5.42	4.93	4.5	
75	4	3.5 ~ 16.8	25	23.16	19.3	14.93	12.02	10.3	8.66	7.39	6.38	5.55	4.87	4.29	3.8	3.37	
70	2	3.5 ~ 33.6	12.5	12.5	12.5	12.5	12.5	12	10.3	8.92	7.89	7.03	6.32	5.72	5.2		
70	4	3.5 ~ 17.5	25	24.27	20.24	15.68	12.65	10.9	9.14	7.82	6.76	5.9	5.19	4.58	4.07		
65	2	3.5 ~ 34.5	12.5	12.5	12.5	12.5	12.5	12.3	10.6	9.22	8.13	7.25	6.52	5.9			
65	4	3.5 ~ 17.9	25	24.96	20.83	16.16	13.04	11.2	9.45	8.08	7	6.12	5.39	4.77			
60	2	3.5 ~ 35.7	12.5	12.5	12.5	12.5	12.5	12.5	11	9.59	8.47	7.56	6.8				
60	4	3.5 ~ 18.5	25	25	21.67	16.82	13.59	11.7	9.87	8.46	7.34	6.43	5.67				
55	2	3.5 ~ 36.4	12.5	12.5	12.5	12.5	12.5	12.5	11.2	9.78	8.63	7.7					
55	4	3.5 ~ 18.9	25	25	22.07	17.13	13.84	11.9	10	8.61	7.47	6.53					
50	2	3.5 ~ 36.6	12.5	12.5	12.5	12.5	12.5	12.5	11.3	9.85	8.7						
50	4	3.5 ~ 19	25	25	22.24	17.27	13.95	12	10.1	8.69	7.53						
45	2	3.5 ~ 37.1	12.5	12.5	12.5	12.5	12.5	12.5	11.5	10							
45	4	3.5 ~ 19.2	25	25	22.57	17.53	14.17	12.2	10.3	8.83							
40	2	3.5 ~ 33.3	12.5	12.5	12.5	12.5	12.5	12.5	11.55								
40	4	3.5 ~ 19.3	25	25	22.73	17.66	14.28	12.3	10.4								
35	2	3.5 ~ 37.4	12.5	12.5	12.5	12.5	12.5	12.5									
35	4	3.5 ~ 19.4	25	25	22.8	17.71	14.32	12.3									

T8030-25U 参数表　　　　　　　　　　　　　　表 2-11

臂长(m)	倍率	最大起重量的幅度范围(m)	16	20	25	30	35	40	45	50	55	60	65	70	75	80
80	2	3.5 ~ 27.5	12.5	12.5	12.5	11.3	9.36	7.92	6.81	5.93	5.21	4.62	4.12	3.69	3.32	3
80	4	3.5 ~ 14.8	24.49	17.09	12.84	10.07	8.13	6.69	5.58	4.7	3.98	3.39	8.89	2.46	2.09	1.77
75	2	3.5 ~ 30	12.5	12.5	12.5	12.5	11.06	9.4	8.12	7.11	6.28	5.6	5.02	4.53	4.1	
75	4	3.5 ~ 16.8	25	20.18	15.27	12.07	9.83	8.17	6.89	5.588	5.05	4.37	3.79	3.29	2.87	
70	2	3.5 ~ 30	12.5	12.5	12.5	12.5	12.44	10.6	9.18	8.06	7.14	6.39	5.75	5.2		

续表

臂长（m）	倍率	最大起重量的幅度范围（m）	16	20	25	30	35	40	45	50	55	60	65	70	75	80
70	4	3.5~18.5	25	22.67	19.62	17.23	15.29	9.37	7.95	6.83	5.91	5.15	4.51	3.97		
65	2	3.5~35	12.5	12.5	12.5	12.5	12.5	11.18	9.7	8.52	7.56	6.77	6.1			
	4	3.5~19.3	25	23.88	18.18	14.48	11.88	9.95	8.47	7.29	6.33	5.54	4.87			
60	2	3.5~35	12.5	12.5	12.5	12.5	12.5	11.38	9.88	8.68	7.71	6.9				
	4	3.5~19.5	25	24.29	18.51	14.75	12.11	10.15	8.64	7.45	6.48	5.67				
55	2	3.5~35	12.5	12.5	12.5	12.5	12.5	11.51	9.99	8.78	7.8					
	4	3.5~19.7	25	24.56	18.27	14.92	12.25	10.28	8.76	7.55	6.57					
50	2	3.5~35	12.5	12.5	12.5	12.5	12.5	11.41	9.9	8.7						
	4	3.5~19.7	25	24.35	18.55	14.78	12.14	10.18	8.67	7.47						
40	2	3.5~37.5	12.5	12.5	12.5	12.5	12.5	11								
	4	3.5~19	25	22.5	17.88	14.23	11.67	9.77								

T7530 参数表

表2-12

臂长（m）	倍率	最大起重量的幅度范围（m）	17.5	20	25	30	35	40	45	50	55	60	65	70	75
75	2	4~29.4	10	10	10	9.76	8.11	6.89	5.95	5.21	4.6	4.1	3.68	3.31	3
	4	4~15.6	17.35	14.71	11.11	8.77	7.13	5.91	4.97	4.22	3.62	3.11	2.69	2.33	2.02
70	2	4~30.5	10	10	10	10	8.49	7.23	6.25	5.47	4.84	4.32	3.88	3.5	
	4	4~16.2	18.15	15.4	11.66	9.22	7.51	6.24	5.26	4.49	3.86	3.33	2.89	2.52	
65	2	4~32.3	10	10	10	10	9.11	7.76	6.72	5.9	5.23	4.67	4.2		
	4	4~17.1	19.43	16.51	12.53	9.94	8.12	6.77	5.74	4.91	4.24	3.68	3.22		
60	2	4~33.5	10	10	10	10	9.51	8.11	7.03	6.17	5.48	4.9			
	4	4~17.7	20	17.24	13.1	11.63	8.52	7.13	6.05	5.19	4.49	3.92			
55	2	4~34.6	10	10	10	10	9.86	8.42	7.3	6.42	5.7				
	4	4~18.2	20	17.88	13.61	10.83	8.88	7.43	6.43	5.44	4.2				
50	2	4~35.4	10	10	10	10	10	8.65	7.51	6.6					
	4	4~18.6	20	18.35	13.98	11.14	9.14	7.66	6.52	5.62					
45	2	4~35.7	10	10	10	10	10	8.75	7.6						
	4	4~18.8	20	18.57	14.15	11.28	9.26	7.77	6.62						
40	2	4~35.9	10	10	10	10	10	8.8							
	4	4~18.9	20	18.67	14.23	11.35	9.32	7.82							
35	2	4~35	10	10	10	10	10								
	4	4~19	20	18.85	14.37	11.46	9.42								
30	2	4~30	10	10	10	10									
	4	4~19.1	20	18.93	14.44	11.52									

（4）塔式起重机的平面布置原则

①应根据建筑物外形、结构特点和周边环境、条件，确定塔式起重机的位置，各种材料的堆放、搅拌机棚、临时设施或其他设施围绕拟建建筑物和塔式起重机。

②塔式起重机的位置确定应尽量避开影响塔式起重机运行的障碍物，在起重臂的有效旋转半径内，尽量能覆盖拟建建筑物全部，满足吊重、吊次要求。主要材料、构件、配件和半成品尽量在有效半径之内，减少死角和二次搬运。

③考虑塔机与建筑物的安全距离，以便搭设安全网和施工外架，又不影响塔式起重机的锚固、顶升、降节。

④在确定塔式起重机安装形式、高度及安装方法的同时，应考虑其顶升、锚固和完工后的降塔、拆除附着装置、拆卸及运输等事项，如平衡臂和起重臂是否落在将来的建筑物上，辅助起重机支放位置及作业条件，场内运输道路有无阻碍等。

⑤塔式起重机的平面布置应考虑其装设条件，满足施工工艺、施工进度和地基承载能力，结构设计及地基承载力，动静载荷影响要求，应具有可靠的基础，满足使用自由高度及与结构拉结附墙和出入运输通道条件。

2）塔式起重机管理

（1）塔式起重机械产权单位（简称产权单位）开展出租业务前，必须按照当地规定办理租赁企业备案并取得信用评价等级。优先选用信用评价等级较好的产权单位的塔式起重机械。

（2）塔式起重机械进入施工现场前，要求产权单位出具相关安全技术档案及自检合格证明，并提交安装、拆卸及使用说明书。

（3）施工总承包单位对施工现场使用的塔式起重机械的安装、拆卸过程负全面管理责任。

（4）塔式起重机械安装、拆卸前，施工总承包单位应当根据施工场地布局、建筑结构形式、施工工艺及工期要求进行塔式起重机械的选型、布置和定位。选型、布置和定位应当听取设计单位、产权单位和安拆单位的合理化建议，确定安装、拆卸的可靠性、安全性及群塔作业的安全性、可行性。施工现场塔式起重机平衡臂回转范围内下方不得存在既有建筑物及市政道路。

（5）基础施工过程中施工总承包单位、监理单位应当进行全过程监管，施工总承包单位组织监理单位、安拆单位、产权单位对基础施工过程中的各关键节点进行验收，按要求填写验收记录，验收合格后方可进行安装。

（6）塔式起重机械安装、拆卸作业前，施工总承包单位应组织安拆单位、产权单位对拟安装和拆卸机械的完好性、可靠性进行检查，并形成检查验收记录，验收合格后方可进行安装和拆卸作业。

（7）塔式起重机械安装、拆卸作业前，安拆单位安拆专项施工方案编制人员或者技术负责人应当向安拆单位参与安装、拆卸作业的专业技术人员、专职安全生产管理人员及项目部工程技术人员、专职安全生产管理人员、机械管理人员进行方案交底。

（8）塔式起重机械安装、拆卸作业前，安拆单位专业技术人员、专职安全生产管理人员及项目部工程技术人员、专职安全生产管理人员、机械管理人员应当共同向所有参与安装、拆卸的操作人员进行安全技术交底，并共同签字确认。

（9）塔式起重机械安装、拆卸作业过程中，安拆单位的专业技术人员、专职安全生产管理人员应当进行现场监督，技术负责人应当定期巡查。施工总承包单位、监理单位应当对安装、拆卸作业过程进行旁站管理，对专项施工方案实施情况进行监督。

（10）塔式起重机械安装完毕后，安拆单位应当按技术规范及说明书的有关要求对塔式起重机械进行自检、调试和试运转。自检合格后应当和产权单位共同出具自检合格验收记录，并向施工总承包单位进行安全使用说明。

（11）塔式起重机械附着装置（附着框和附着杆）的设置和自由端高度等应当符合使用说明书的要求。当附着水平距离、附着间距、附着形式等不满足使用说明书要求时，施工总承包单位应编制附着设计方案，附着设计方案应当包括附着结构图及设计计算书。施工总承包单位应当自行或委托设计单位对附着处的建筑主体结构进行验算，并请结构设计单位校核；施工总承包单位应当提供并安装符合塔式起重机械使用说明书要求的预埋件，确保机械安全和建筑结构安全。

（12）施工总承包单位应当自塔式起重机械安装验收合格之日起30日内，按要求向住房和城乡建设主管部门办理建筑起重机械使用登记手续，未取得使用登记标志的塔式起重机械禁止使用。

（13）多台多机种塔式起重机在同一施工现场交叉作业时，施工总承包单位应当根据塔式起重机选型、布置、定位及施工进度计划制定防止塔式起重机相互干扰与碰撞的安全措施。相邻施工现场存在多台塔式起重机交叉作业时，如是同一建设单位，由建设单位协调组织制定相应的安全措施；如不是同一建设单位，由所涉及的建设单位共同协调组织制定相应的安全措施，各方应当指定协调人员进行过程协调。各相关施工总承包单位应按照《危险性较大的分部分项工程安全管理规定》（建办质[2018]31号）要求编制群塔作业专项施工方案。

3. 附着式升降脚手架（爬架）选型与管理

1）附着式升降脚手架（爬架）选型

附着式升降脚手架（爬架）按照防护平台结构和构造分类，包括普通型、半装配型、全装配型。普通型的竖向主框架为平面桁架结构，水平支撑结构为空间桁架结构，平台桁架为扣件式钢管脚手架或节点为其他连接方式的钢管架，竖向主框架、水平支撑结构与平台桁架是由同一种型号圆钢管制作的，铺设木脚手板、胶合板脚手板、冲压钢板或钢板网脚手板。半装配型竖向主框架为平面桁架结构或空间桁架结构，水平支撑结构为空间桁架结构，平台桁架杆件连接点位焊接或螺栓连接的钢管架、门式钢管脚手架或承插型盘扣式钢管支架，铺设定型的钢脚手板。全装配型平台结构的竖向主框架、水平支撑结构和平台桁架均采用型钢或铝型材工厂制作，在施工现场组装，竖向主框架为装配式竖向平面桁架或钢架结构，平台构架的立杆设置在两榀竖向主框架之间，立杆纵向间距不应大于2.5m，并支撑在水平支撑结构上。水平支撑结构是由内外、外侧及上、下片式桁架结构组成的空间结构，定型的钢脚手板与平台构件用螺栓连接在一起。

目前，施工行业常用全装配附着式升降脚手架（爬架）类型，其材质分为全钢及铝合金。全装配附着式升降脚手架（爬架）在其安全性、标准化程度上占有绝对优势，其租赁价格相对较高，施工选用附着式升降脚手架（爬架）时应根据工程特点，综合考虑其安全性、经济性、技术先进性。

爬架主要设计参数可参考表2-13。

爬架主要设计参数表　　　　　　　　　　表2-13

序号	分项	单位	主要指标	说明
1	升降机位数	台	—	
2	开始搭设层	层	3	
3	架体宽度	m	0.75	
4	架体高度	m	14	
5	架体步高	m	2.0	
6	架体自重	kN	30	
7	架体悬挑长度	m	≤ 2	
8	操作层距墙距离	mm	≤ 200	
9	提升机位最大跨度	m	4.5	
10	结构施工荷载	kN/m²	2 × 2	
11	提升机功率	W	500 ~ 750	
12	提升速度	mm/min	90	

序号	分项	单位	主要指标	说明
13	提升机额定吨位	t	7.5	链长 8m
14	一次升/降层数	层	1	
15	防坠装置制动距离	mm	＜80	
16	防坠吊杆长度	mm	9000	
17	预埋水平偏差	mm	≤30	
18	防外倾挂座间距	—	两个楼层	

2）附着式升降脚手架（爬架）管理

（1）平台高度不应大于 5 倍楼层高，平台宽度不应大于 1.2m。

（2）机位跨度直线布置不应大于 7m，折线或曲线布置相邻两主框架支撑点外侧距离不应大于 5.4m，水平悬挑长度不应大于 2m，并且不应大于跨度的 1/2。

（3）起重装置额定起重量不应小于 7.5t，平台总高度不超过 2.5 倍楼层时可选用 5t。

（4）荷载：两层作业每层不应大于 $3kN/m^2$，三层作业每层不应大于 $2kN/m^2$。

（5）机位跨度与平台高度的乘积不应大于 $110m^2$。

（6）夹持式防坠不应大于 80mm，卡阻式防坠不应大于 150mm。

（7）附着支座支撑在建筑结构上连接处的混凝土强度应按设计要求确定，且混凝土强度等级不应小于 C15，悬挂式设备提升点处的混凝土强度等级不应小于 C20。

（8）升降时应采用同步控制系统，当相邻两机位荷载变化值超过初始状态的 ±15% 时，声光报警；超过 ±30% 时，自动停机。

（9）施工总承包单位应当在附着式升降脚手架验收合格之日起 30 日内，进行网上使用登记备案。

（10）质量管理

①对附着式升降脚手架（爬架）原材料的采购严格把控，保证产品材料的质量。

②对附着式升降脚手架（爬架）出厂产品实行严格检测制度，不达标产品禁止出厂。

③对附着式升降脚手架（爬架）的外购产品，实行严格的质量把控，对相关产品要求厂家出示产品合格证以及检测报告。

④对外购部件产品送至专业检测机构进行检测。

⑤产品进场后建立完整的验收记录，必须做到三方验收合格通过才能使用。

（11）安装过程安全管理

①进入现场，要正确佩戴安全帽；高处作业，必须系好安全带，穿防滑鞋。

②进入主体结构施工作业时要搭设专用的人行通道。

③施工过程中附着式升降脚手架（爬架）的封闭翻板必须做到封闭严实。

④附着式升降脚手架（爬架）搭设时，必须严格按照交底要求的顺序及方法进行，不得违章作业。

⑤附着式升降脚手架（爬架）安装过程中应将模板、支架等分类集中码放，避免混乱影响楼内作业质量，同时避免工伤事故发生。

⑥大风、大雨、大雾、大雪天气要暂时停止在脚手架上作业，雨雪后作业要采取防滑措施。

⑦材料进场后要按不同规格码放整齐，堆放场地要平整夯实，并设有垫木。场地范围内要有明显区分标志并按防火要求设置器材。

⑧搭设前严格筛选所用材料。各构件的质量均应符合规范要求。不得采用严重锈蚀、薄壁、弯曲、有裂缝的杆件。

⑨脚手架搭拆施工人员应严格遵循现行《建筑施工高处作业安全技术规范》JGJ 80 有关规定，作业人员必须戴好安全帽、穿好防滑鞋，高处作业一律系好安全带。

⑩脚手架搭设前，脚手架施工负责人应对搭设人员进行安全技术交底工作，并履行书面签证记录。搭设完毕后，相关人员必须参加验收，确认符合设计要求并签署意见后方可投入使用；并办理验收和移交手续，归档备案。

⑪脚手架验收合格后，应在架体醒目处悬挂验收合格牌、限载牌及安全操作规程牌。

⑫脚手架登高扶梯在脚手架外侧单独设置，并应与脚手架连接，严禁在脚手架内外侧处上下攀登。

⑬不得在脚手架作业层上集中堆放物料，严格控制施工荷载，严禁悬挂起重设备、提升货物等。

⑭在脚手架使用期间，严禁拆除主节点处纵横水平杆或纵横扫地杆。确实影响施工的，应征得施工负责人、技术负责人同意，落实脚手架操作人员拆除、更换拉结位置，以确保脚手架的稳定性。

⑮夜间照明昏暗条件下，应停止脚手架搭拆施工作业。

⑯脚手架的消防管理，必须按安全施工有关规定，设置消防器材，并有效进行管理。不准在操作层上吸烟。

⑰搭拆脚手架时，地面应设围栏和警戒标志，并派专人看护，严禁非施工人员入内，严禁搭拆时操作人员向上或向下抛掷物件及材料，以防坠物伤人。拆除时要统一指挥，上下呼应，动作协调，当解开与另一人有关的结扣时，应先通知对方，以防坠落。高层建筑

脚手架拆除，应配备良好的通信装置。

⑱施工操作人员应及时做好脚手架清理工作，清理脚手架上的建筑垃圾及杂物，并落实专人经常性地做好脚手架维护保养工作，保持脚手架的清洁和安全。

（12）脚手架爬升过程的安全管理

在有附着式升降脚手架运行的项目，必须有专职安全员和项目领班全过程进行监督控制和运行前、中、后的检查。特别是对运行前的连墙杆件的拆除、底部封闭的拆除、附着式升降脚手架与模板内架的干涉、完毕后对底部的封闭情况进行重点检查。对发现的问题必须及时整改，对违规作业进行纠正和处罚，保障架体的安全运行。

①提升及加固脚手架架体。明确脚手架提升时各岗位的职责，统一信号，统一指挥。提升前先在内排立杆上均匀作出数十处同一标高的水平标记，每提升三至五次后，用上述标记为基准调平架体水平一次，以减少因各机位点不同步地提升造成的架体受力不均及架体倾斜。在塔式起重机附着杆处的脚手架搭设成活动形式，以防止脚手架向外倾或向断片侧倾，并在架体强度减弱处补加小斜杆。各分片处在不同提升期间前，要对断片处用钢管和安全网围护。提升过程中现场操作人员必须坚守岗位，注意观察并做好记录，一旦发现结构变形、受损等现象，应立即停止提升，待修复加固后才能继续使用。

②定期维护施工机具。对捯链进行包扎，做好防水处理，对捯链加以保护，并按其使用说明书的规定定期清理外露零部件上的砂浆和污物，对链条和传动系统加注润滑油，并检查捯链是否运行顺畅、不卡链、不爬链、不扭绕、无异常声响、制动可靠。电器系统各开关做到灵敏可靠，指示灯工作正常，电缆线扎束高挂。发现电缆局部损伤应立即包扎修复。对同步控制柜和航空接头要进行防水处理。特别要对穿墙螺杆、顶杆、导向爪螺栓进行清洁并上好润滑油脂。每次提升前应清洁并检查复位弹簧是否灵敏可靠，并用机油润滑。随时检查钢结构构件有无裂纹、变形等情况，做到早发现、早整改。

（13）拆除过程安全管理

升降架的拆卸工作必须按专项施工组织设计及安全操作规程的有关要求进行。拆除工程前应对操作工人进行安全技术交底。为确保拆架安全，升降架的拆除必须按以下步骤进行：

①升降脚手架拆除时，所拆除的升降脚手架架料必须边拆除边吊离，严禁集中堆放在架体上。

②升降脚手架拆除时，整个架子上不应站有与拆架无关的其他任何人员。

③整个拆除过程中，操作人员应严格遵守普通钢管脚手架的有关安全规定，系好安全带，戴好安全帽，穿好防滑鞋，所拆构件、杆件严禁抛扔。架子拆除后应及时将设备、构

配件及架子材料运走或分类堆放整齐。

4. 灌浆设备选型与管理

1）灌浆设备选型

装配式结构灌浆施工过程使用的灌浆设备主要包括灌浆料搅拌机及灌浆机。目前，市场上常规的灌浆料搅拌机型号见表2-14。

灌浆料搅拌机主要型号					表2-14
一次性搅拌方量（L）	120	160	200	240	280
一次性搅拌重量（kg）	35～45	50～75	100～115	125～175	150～225

预制构件灌浆施工过程搅拌机的选择应考虑施工操作的方便性、所需灌浆施工的体量及灌浆料的工作时间等综合因素，通常选用200～280L；灌浆料灌浆机目前市场上常规额定功率包括1～3kW，灌浆机选用时应考虑灌浆机的输送流量和输出压力，通常选用1.2～3kW（图2-58）。

图2-58 灌浆设备实物示例

2）灌浆设备管理

灌浆设备管理重点在于临时用电管理，以下对灌浆设备临时用电管理进行简要介绍：

（1）临时用电作业人员必须是经过专业安全技术知识培训和考试合格，取得特殊工种作业操作证的电工，并持证上岗。

（2）作业人员必须经过入场安全教育培训，考核合格后才能上岗作业。

（3）电工作业时必须一人操作，一人监护，作业人员必须穿绝缘鞋，停电验电后挂停电检修标识牌再作业。

（4）严格执行安全用电有关规定和规范标准，服从安全管理，做到自己不违章作业，拒绝违章指挥，及时制止他人违章作业。

（5）禁止带电操作，需要拉闸操作和维修时，须经项目部有关部门审批，作业时执行安全用电的组织措施和技术措施，不得自行拆改用电设备设施和线路，严格按规范标准和施工组织设计、交底要求执行。

（6）每天对现场用电设备、设施、线路进行两次例行巡视检查，发现问题及时停电检修并监护，同时报有关领导组织处理，所有设备、设施、线路要防护到位。设备、设施要保持整洁、有效。

第三章

装配式建筑管理人员基本工作

第一节　装配式建筑施工员基本工作

一、施工员基本工作

根据《装配式建筑专业人员岗位培训考核标准》BCEA/T 001—2020 标准要求，施工员的岗位职责如表 3-1 所示。

施工员的岗位职责　　　　　　　　　　　　　　　表 3-1

项次	分类	主要工作职责
1	施工组织策划	（1）参与施工组织管理策划并负责实施。 （2）参与制定管理制度
2	施工技术管理	（3）参与图纸会审、技术核定。 （4）负责施工作业班组的技术交底。 （5）负责组织测量放线，参与技术复核
3	施工进度成本控制	（6）参与制订并调整施工进度计划、施工资源需求计划，编制施工作业计划。 （7）参与做好施工现场组织协调工作，合理调配生产资源，落实施工作业计划。 （8）参与现场经济技术签证、成本控制与成本核算。 （9）负责施工平面布置的动态管理
4	质量安全环境管理	（10）参与质量、环境与职业健康安全的预控。 （11）负责施工作业的质量、环境与职业健康安全过程控制，参与隐蔽、分项、分部和单位工程的质量验收。 （12）参与质量、环境与职业健康安全问题的调查，提出整改措施并监督落实
5	施工信息资料管理	（13）负责编写施工日志、施工记录等相关施工资料。 （14）参与汇总、整理和移交施工资料

1. 施工组织策划

（1）参与施工组织管理策划并负责实施。

根据合同要求（包括工期目标、经营目标、质量目标、安全文明施工目标等）及图纸参与项目的策划；根据工程的特点（例如，大体积混凝土、大跨度、装配式、群塔等）参与难点的解决方法的策划；根据不同的工种（如钢筋、模板、混凝土、机电等专业）进行资源匹配及策划；根据工程特点参与分项方案的编制并提供基础参数。

（2）参与制定管理制度。

项目组织管理制度：包括岗位制度、组织结构、党群工作。项目合同管理制度（包括合同交底、图纸交底、履约管理）、项目物资及设备管理制度（包括供应商选择、验收及检验、使用及盘点、周转料具、设备租赁、进出场制度)、项目生产及工期管理制度(包括进度控制、劳动力管理、作业面管理)、质量管理制度(包括项目质量策划,质量奖惩制度,自检、互检、交接检制度,安装质量控制,进场质量验收,成品保护)、安全及文明施工管理制度(包括防护管理制度、高空作业制度、宿舍管理制度、机械安全管理制度、临时用电管理制度、消防管理制度等)。

2. 施工技术管理

(1)参与图纸会审、技术核定。

包括建筑图、结构图、水电图之间的相互印证,审查出图纸之间不符的部分;装配式结构构件与建筑图、水电图不符的部分;装配式结构构件与支撑体系、防护体系、塔式起重机附着体系等不符的部分;图纸中不明确的做法或出现几种做法需要确认做法的部位;功能性缺失等情况。

(2)负责施工作业班组的技术交底。

对不同班组分工种进行,如:钢筋、木工、吊装、灌浆、脚手架、构件安装、水电施工等分项工程交底。

(3)负责组织测量放线,参与技术复核。

根据工程的进度情况,组织测量员进行放线,组织监理人员进行验线,并负责按照放线进行施工。

3. 施工进度成本控制

(1)参与制订并调整施工进度计划、施工资源需求计划,编制施工作业计划。

根据施工总进度计划编制月进度计划、周进度计划、日工作任务。当日进度、周进度与现场实际进度出现偏差时,应分析具体原因(材料原因、机械设备原因、劳动力原因、流水作业原因、管理原因),为项目提供相关参数,并调整日工作任务、月进度计划,找出进度计划中的关键线路,确保关键线路的工期节点,根据总进度计划的关键线路,制订与之匹配的工种、机械、防护、试验等不同需求的准备工作。

(2)参与做好施工现场组织协调工作,合理调配生产资源,落实施工作业计划。

协调现场的安全管理工作,实现安全的全员管理;做好不同工种的匹配工作,确保各工种之间的流水施工;做好物资进场计划,充分考虑生产加工周期、试验周期、运输周期等客观因素;根据机械设备的机械效率及工程量合理安排施工机械,如塔式起重机的吊次、工作时间、工作量匹配等。

(3)参与现场经济技术签证、成本控制及成本核算。

当现场出现与合同及图纸不符的情况时,按照现场签证原则,组织监理人员、合约人员做好现场签证，留好影像资料，为可能出现的索赔情况做好充分的准备。

（4）负责施工平面布置的动态管理。

根据现场不同阶段的需求，动态、合理地调整现场布置，为技术部门提供调整后的场地情况。

4. 质量安全环境管理

（1）参与质量、环境与职业健康安全的预控。

对施工项目的质量、环境与职业健康安全事前控制；掌握施工工艺流程，明确施工思路，如装配式结构墙体安装，从测量放线→钢筋调直→基层清理→垫块放置→聚乙烯条封闭→墙体构件吊装→墙板校正、斜向支撑安装→封仓→灌浆，必须按照图纸及规范要求控制每道工序的施工质量。每道工序的偏差都将影响整体的施工质量。环境与职业健康要严格落实对工人的环保及安全健康教育，确保劳保用品发放，对易产生噪声、粉尘、废水的部位进行监测并制定管理方法，做好消防设施检查，消除相关隐患。

（2）负责施工作业的质量、环境与职业健康安全过程控制，参与隐蔽、分项、分部和单位工程的质量验收。

（3）参与质量、环境与职业健康安全问题的调查，提出整改措施并监督落实。

5. 施工信息资料管理

（1）负责编写施工日志、施工记录等相关施工资料。

记录每天的施工日志，施工日志内容应包括日期、天气情况、每天的工作量、用工情况、材料情况、施工现场安全情况、发生的重大事项等。

施工记录应包括隐蔽检查记录、交接检查记录、构件进场检查记录、检验批记录等资料。

（2）参与汇总、整理和移交施工资料。

配合技术部，根据资料管理规程及相关要求，做好资料的分类汇总及移交工作。

二、施工员应具备的专业知识

施工员应具备的专业知识如表 3-2 所示。

施工员应具备的专业知识　　　　　　　　　　　　　　　　　　　　表 3-2

项次	科目	分类	具体内容	了解	熟悉	掌握
1	基本知识	法律法规、标准知识	建设工程相关法律法规		√	
2			建筑工程相关标准		√	
3		建筑工程施工技术基本知识	建筑施工图的识读			√

续表

项次	科目	分类	具体内容	了解	熟悉	掌握
4	基本知识	建筑工程施工技术基本知识	建筑构造基本知识		√	
5			建筑结构技术基本知识		√	
6			工程材料基本知识	√		
7			施工机械基本知识	√		
8			建筑工程主要施工工艺基本知识			√
9		建设工程项目管理基本知识	施工项目管理组织基本知识		√	
10			施工项目进度管理基本知识			√
11			施工项目成本管理基本知识		√	
12			施工项目质量管理基本知识		√	
13			施工项目安全管理基本知识		√	
14			职业健康安全与环境管理基本知识		√	
15			施工项目资料管理基本知识		√	
16			智慧工地基本知识		√	
17			信息化管理基本知识			√
18			绿色建筑基本知识		√	
19	基础知识	装配式建筑基础知识	装配式建筑概述	√		
20			装配式结构体系		√	
21			装配式结构施工特性		√	
22			装配式结构主要工艺流程			√
23		建筑工程BIM技术应用	BIM的概念及基础知识		√	
24			BIM技术在建筑中的应用		√	
25			BIM的推广和发展前景		√	
26	岗位知识	施工员专业基础知识	施工员的工作职责			√
27			施工员的相关标准			√
28			施工测量专业知识		√	
29			地基与基础工程专业施工技术			√
30			主体结构工程专业施工技术			√
31			防水工程专业施工技术			√
32			装饰装修工程专业施工技术			√
33			建筑工程季节性施工技术			√
34			吊装工程专业施工技术			√
35		施工员管理专业知识	施工组织设计和各类施工方案的编制			√
36			施工进度计划的编制、检查与纠偏			√
37			各分项工程施工质量内容、控制方法与质量验收		√	
38			危险源识别及安全管理控制要点		√	
39			现场专项管理内容及要求		√	
40			施工合同管理及成本管理	√		

续表

项次	科目	分类	具体内容	了解	熟悉	掌握
41			主体结构工程专业施工技术			√
42			施工组织设计和各类施工方案的编制			√
43		装配式混凝土建筑施工员专业知识	施工进度计划的编制、检查与纠偏			√
44			各分项工程施工质量内容、控制方法与质量验收		√	
45			危险源识别及安全管理控制要点		√	
46			现场专项管理内容及要求		√	
47			施工合同管理及成本管理	√		
48			主体结构工程专业施工技术		√	
49			施工组织设计和各类施工方案的编制		√	
50		装配式钢结构建筑施工员专业知识	施工进度计划的编制、检查与纠偏		√	
51			各分项工程施工质量内容、控制方法与质量验收		√	
52			危险源识别及安全管理控制要点		√	
53			现场专项管理内容及要求		√	
54	岗位知识		施工合同管理及成本管理	√		
55			主体结构工程专业施工技术		√	
56			施工组织设计和各类施工方案的编制		√	
57		装配式木结构建筑施工员专业知识	施工进度计划的编制、检查与纠偏		√	
58			各分项工程施工质量内容、控制方法与质量验收		√	
59			危险源识别及安全管理控制要点		√	
60			现场专项管理内容及要求		√	
61			施工合同管理及成本管理	√		
62			装饰装修工程专业施工技术			√
63			施工组织设计和各类施工方案的编制			√
64		装配化装修施工员专业知识	施工进度计划的编制、检查与纠偏			√
65			各分项工程施工质量内容、控制方法与质量验收		√	
66			危险源识别及安全管理控制要点		√	
67			现场专项管理内容及要求		√	
68			施工合同管理及成本管理	√		

第二节　装配式建筑质量员基本工作

根据《装配式建筑专业人员岗位培训考核标准》BCEA/T001—2020标准要求，质量员的岗位职责如表3-3所示。

质量员的岗位职责　　　　　　　　　　　　　　表 3-3

项次	分类	主要工作职责
1	质量计划准备	（1）参与制订施工质量策划。 （2）参与制定质量管理制度
2	材料质量控制	（3）参与材料、设备的采购。 （4）负责核查进场材料、设备的质量保证资料，监督进场材料的抽样复验。 （5）负责监督、跟踪施工试验，负责计量器具的符合性审查。
3	工序质量控制	（6）参与施工图会审和施工方案审查。 （7）参与制订工序质量的控制措施。 （8）负责工序质量检查和关键工序、特殊工序的旁站检查，参与交接检验、隐蔽验收、技术复核。 （9）负责检验批和分项工程的质量验收、评定，参与分部工程和单位工程的质量验收、评定
4	质量问题处置	（10）参与制订质量通病预防和纠正措施。 （11）负责监督质量缺陷的处理。 （12）参与质量事故的调查、分析和处理
5	质量资料管理	（13）负责质量检查的记录，编制质量资料。 （14）负责汇总、整理、移交质量资料

一、质量员岗位职责

1. 质量计划准备

（1）参与制订施工质量策划。

根据合同要求明确质量目标，如鲁班奖、国家优质工程奖、长城杯；根据工程的特点分解质量目标，分解单项施工质量标准具体到允许偏差尺寸；明确不同工种的节点做法，如屋面分格、排砖、钢筋弯钩角度、直螺纹丝扣加工长度、混凝土留茬位置、模板选型；根据质量的目标及质量分解、细部做法等编制质量创优方案，创优方案要明确质量组织体系、质量创优措施、新技术、新方法等；明确执行的相关标准。

（2）参与制定质量管理制度。

参与制定与工程相匹配的施工组织设计方案、施工方案管理制度，技术资料管理制度，图纸会审制度，质量例会制度，样板引路制度，分项工程施工交底制度，过程检验制度，工序交接制度，监视、测量状态标识制度，计量器具管理制度，技术质量情况月报制度，通用及专用型技术文件管理制度，科研工作管理制度，培训管理制度，不合格品控制制度，质量管理信息化制度，质量事故报告处理制度，单位工程竣工验收制度，工程档案管理制度，试验设备制度，标养室养护管理制度等。

2. 材料质量控制

（1）参与材料、设备的采购。

为合约部、物资部及技术部提供材料的性能参数，如密度、燃烧等级、强度等级、规格尺寸、偏差尺寸、品牌、性能、和易性等相关参数；提供设备的型号、品牌、功率、性能参数等。

（2）负责核查进场材料、设备的质量保证资料，监督进场材料的抽样复验。

对进场材料的外观尺寸及可视缺陷进行抽检；对材料的检测报告或出厂证明书等文件进行复核；对进场的设备说明书及证明文件进行复核；并对设备的完整性，包装是否破损等进行检验；对需要复试的材料进行抽样选取，移交试验人员。

（3）负责监督、跟踪施工试验，负责计量器具的符合性审查。

对材料的进场复试结果进行跟踪，对计量器具及设备的有效性进行监督。

3. 工序质量控制

（1）参与施工图会审和施工方案审查。

参与图纸会审，对图纸中的几何尺寸、节点做法、参照标准、材料的性能参数等进行统计及审核，作为项目制订质量创优方案的依据。参与施工方案中的细部做法、质量控制措施、允许偏差的编制及审核。

（2）参与制订工序质量控制措施。

参与各分项工序质量环节的控制措施的制订，从材料的进场、存放、加工制作、安装等各个环节参与制订质量控制措施。

（3）负责工序质量检查和关键工序、特殊工序的旁站检查，参与交接检验、隐蔽验收、技术复核。

工序质量检查包括：预制墙板安装、叠合板安装、预制楼梯安装、转换层施工、套筒灌浆施工、后浇节点处理等。应对外墙板的连接安装过程和预制构件混凝土浇筑过程进行旁站，应对预制混凝土构件安装和灌浆套筒连接的灌浆过程进行旁站。

（4）负责检验批和分项工程的质量验收、评定，参与分部工程和单位工程的质量验收、评定。

4. 质量问题处置

（1）参与制订质量通病预防和纠正措施。

工序质量检查包括：预制墙板安装、预制叠合板安装、预制楼梯安装、转换层施工、套筒灌浆施工、接缝处理等。

（2）负责监督质量缺陷的处理。

（3）参与质量事故的调查、分析和处理。

5. 质量资料管理

（1）负责质量检查的记录，编制质量资料。

（2）负责汇总、整理、移交质量资料。

二、质量员应具备的专业知识

质量员应具备的专业知识如表 3-4 所示。

质量员应具备的专业知识

表 3-4

项次	科目	分类	具体内容	了解	熟悉	掌握
1	基础知识	法律法规知识	建筑工程相关法律法规		√	
2			建筑工程相关标准		√	
3		建筑工程基本施工技术知识	建筑施工图的识读			√
4			建筑构造基本知识		√	
5			建筑结构技术基本知识		√	
6			工程材料基本知识		√	
7			施工机械基本知识		√	
8			建筑工程主要施工工艺基本知识		√	
9		建筑工程项目管理基本知识	施工项目管理组织基本知识		√	
10			施工项目进度管理基本知识	√		
11			施工项目成本管理基本知识	√		
12			施工项目质量管理基本知识			√
13			施工项目安全管理基本知识	√		
14			职业健康安全与环境管理基本知识	√		
15			施工项目资料管理基本知识		√	
16			智慧工地基本知识		√	
17			信息化管理基本知识		√	
18			绿色建筑基本知识		√	
19		装配式建筑基础知识	装配式建筑概述	√		
20			装配式结构体系		√	
21			装配式结构施工特性		√	
22			装配式结构主要工艺流程		√	
23		建筑工程 BIM 技术应用	BIM 的概念及基础知识	√		
24			BIM 技术在建筑业中的应用	√		
25			BIM 的推广和发展前景	√		
26	岗位知识	质量员专业基础知识	质量员的工作职责			√
27			质量员相关标准			√
28			质量测量专业知识		√	
29			地基与基础工程专业施工技术		√	
30			主体结构工程专业施工技术		√	

项次	科目	分类	具体内容	了解	熟悉	掌握
31		质量员专业基础知识	防水工程专业施工技术		√	
32			装饰装修工程专业施工技术		√	
33			建筑工程季节性施工技术		√	
34		质量员管理专业知识	施工质量策划（计划）的编制			√
35			工程质量管理的基本知识			√
36			各分项工程施工质量内容、控制方法与质量验收			√
37			施工试验的内容、方法和判定标准	√		
38			工程质量问题的分析、预防及处理方法			√
39	岗位知识	装配式混凝土建筑质量员专业知识	主体结构工程专业施工技术	√		
40			各分项工程施工质量内容、控制方法与质量验收			√
41			施工试验的内容、方法和判定标准			√
42			工程质量问题的分析、预防及处理方法			√
43		装配式钢结构建筑质量员专业知识	主体结构工程专业施工技术		√	
44			各分项工程施工质量内容、控制方法与质量验收			√
45			施工试验的内容、方法和判定标准			√
46			工程质量问题的分析、预防及处理方法			√
47		装配式木结构建筑质量员专业知识	主体结构工程专业施工技术		√	
48			各分项工程施工质量内容、控制方法与质量验收			√
49			施工试验的内容、方法和判定标准			√
50			工程质量问题的分析、预防及处理方法			√
51		装配化装修质量员专业知识	装饰装修工程专业施工技术		√	
52			各分项工程施工质量内容、控制方法与质量验收			√
53			施工试验的内容、方法和判定标准			√
54			工程质量问题的分析、预防及处理方法			√

第三节　装配式建筑材料员基本工作

根据《装配式建筑专业人员岗位培训考核标准》BCEA/T001—2020 标准要求，材料员的岗位职责如表 3-5 所示。

材料员的岗位职责　　　　　　　　　　　　　表 3-5

项次	分类	主要工作职责
1	材料管理计划	（1）参与编制材料、设备、预制构件配置计划。 （2）参与建立材料、设备、预制构件管理制度
2	材料采购验收	（3）负责收集材料、设备、预制构件的价格信息，参与供应单位的评价、选择。 （4）负责材料、设备、预制构件的选购，参与采购合同的管理。 （5）负责进场材料、设备、预制构件的验收，提供待检材料抽样复验
3	材料使用存储	（6）负责材料、设备、预制构件进场后的接收、发放、存储管理。 （7）负责监督、检查材料、设备的合理使用。 （8）参与回收和处置剩余及不合格材料、设备
4	材料统计核算	（9）负责建立材料、设备、预制构件管理台账。 （10）负责材料、设备、预制构件的盘点、统计。 （11）参与材料、设备、预制构件的成本核算
5	材料资料管理	（12）负责材料、设备、预制构件资料的编制。 （13）负责汇总、整理、移交材料、设备和预制构件资料

一、材料员岗位职责

1. 材料管理计划

（1）参与编制材料、设备、预制构件配置计划。

根据施工图纸、工程量清单、施工组织设计、合同要求编制材料供应计划；编制项目物资需求总计划，根据月施工进度计划编制月度物资需用计划，并经项目经理批准。

装配式结构材料包括：钢筋（钢筋的型号、规格、尺寸、进场时间、复试预留时间）、模板（模板选型、周转次数及用量、辅料）、混凝土（混凝土的强度等级、抗渗等级、坍落度、品种）、装配式构件（预制墙板、预制叠合板、空调板、楼梯踏步板、阳台板、PCF 板）、装配式支撑材料（独立支撑数量、斜支撑数量）、灌浆料、坐浆料（材料强度、用量、规格、流动性）、装配式工具（吊装梁、钢丝绳、插放架体、枕木）。

（2）参与建立材料、设备、预制构件管理制度。

建立物资采购计划制度，明确项目物资需用总计划、月度物资需用计划及计划的审核制度；参与建立物资申请及审批制度；参与编制供应商考核制度；参与编制物资验收与检验制度；参与编制物资储存制度；参与编制物资使用及盘点制度。

2. 材料采购验收

（1）负责收集材料、设备、预制构件的价格信息，参与供应单位的评价、选择。

采购询价：企业根据采购计划需要，在合格供应商名册中选择有同类材料供应经历的供应商及建设方、项目部推荐的供应商进行询价及相关服务咨询。

供应商资格预审：企业物资部门根据《物资需求计划》和工程实际要求选择供应商，

对首次接触的新供应商进行登记和资格预审。

供应商考察：当供应商不在企业合格供应商名册中，或对物资有特殊要求或相关方对供应商评定尚未包括的内容或产品提出调查要求时，企业物资管理部门在采购前组织相关人员对供应商进行考察，考察结果列入供应商考察报告。

供应商评审：企业组织供应商评审小组，对技术、质量等方面有特殊要求的物资，应安排专业技术人员进入评审小组参加评定，经评价确定为合格的供应商，由企业物资部门纳入合格供应商名录。

供应商复评：企业物资部门负责按年度对已选定的合格供应商进行复评。

项目部对项目实施过程中所使用物资的供应商建立数据库，以满足物资管理及工程保修的要求。

（2）负责材料、设备、预制构件的选购，参与采购合同的管理。

（3）负责进场材料、设备、预制构件的验收，提供待检材料抽样复检。

验收：项目部物资部门按照物资采购进场安排，组织物资进场验收。

进场物资的验证：验收依据包括《物资需求计划》《已订货通知单》、发货票据、材质证明、产品合格证及有关质量、安全、环保标准资料等。当需要在供应商处对所采购物资进行验证时，企业应在采购合同中明确验证的安排和物资放行方法。企业物资部门负责组织技术、质量等人员到供应商处对所采购物资进行验证并做好验证记录。

检验：项目部编制物资进场验收计划，经项目部总工程师批准后实施，产品检验由项目部材料工程师配合试验工程师完成。

3. 材料使用存储

（1）负责材料、设备、预制构件进场后的接收、发放、贮存管理。

项目部按《施工组织设计》及《物资需求计划》实施现场贮存管理，按施工平面布置及贮存、道路运输、使用加工、吊装等要求设置物资贮存位置及设施。无论是我方自行采购的材料、建设方提供的材料或分包方采购的材料，都应按计划进场，并按产品性能、形态分类，合理堆码，保持库区整齐规范，便于使用。项目部采购的材料及建设方提供的物资由项目部派人管理，分包方采购的物资由分包方负责保管。材料工程师对已进场验收合格的物资建立《物资进出库台账》，正确标识，记录规格、数量、进出库情况，定期盘点，防止库损或变质。

（2）负责监督、检查材料、设备的合理使用。

项目部对现场物资实行限额领料制度，控制物资使用，定期对物资使用及消耗情况进行盘点及统计分析。项目部材料工程师掌握各种物资的保质期限，按"先进先出"原则办理物资发放，进行不合格物资登记、申报并追踪处理。物资出库时，材料工程师和使用人员共同核对领料单，复核、点交实物，登卡、记账；凡经双方签认的出库物资，由现场使用人员负责运输、保管。《物资领用计划》应与《施工进度计划》配套，由项目部各作业面责任工程师或项目授权人员批准。

（3）参与回收和处置剩余及不合格材料、设备。

项目部根据现场实际需要，在保证运输、场地、配套设施的基础上有计划地组织设备进（退）场，必要时要编制设备进（退）场安（拆）装专项技术方案，经企业批准后方可实施。机械设备进（退）场时，项目部要对设备的完好状态、安全及环保性能进行验收，验收时出租方、承租方、安装单位、项目部机械工程师要共同到场验收签字，项目部机械工程师做好验收鉴定记录；项目部按《施工组织设计》总平面管理规定布置、停放、运输、安装和控制施工机械进（退）场。

4. 材料统计核算

（1）负责建立材料、设备、预制构件管理台账；根据材料的种类、型号建立材料管理日台账、月统计台账。

（2）负责材料、设备、预制构件的盘点、统计。

（3）参与材料、设备、预制构件的成本核算。

其目的是为项目成本部门提供材料的成本核算依据。

5. 材料资料管理

（1）负责材料、设备、预制构件资料的编制。

配合技术部门收集材料证明及检测文件，配合合约部门提供材料使用情况证明。

（2）负责汇总、整理、移交材料、设备和预制构件资料。

二、材料员应具备的专业知识

材料员应具备的专业知识如表 3-6 所示。

材料员应具备的专业知识　　　　表 3-6

项次	科目	分类	具体内容	了解	熟悉	掌握
1	基础知识	法律法规知识	建筑工程相关法律法规		√	
2			建筑工程相关标准		√	
3		建筑工程基本施工技术知识	建筑施工图识读	√		
4			建筑构造基本知识	√		
5			抽样统计分析基本知识		√	

续表

项次	科目	分类	具体内容	了解	熟悉	掌握
6	基础知识	建筑工程基本施工技术知识	工程材料基本知识			√
7			施工机械基本知识		√	
8			施工项目工程预算基本知识		√	
9		建设工程项目管理基本知识	施工项目进度管理基本知识		√	
10			施工项目成本管理基本知识		√	
11			施工项目质量管理基本知识		√	
12			施工项目安全管理基本知识		√	
13			职业健康安全与环境管理基本知识		√	
14			施工项目资料管理基本知识		√	
15			智慧工地基本知识		√	
16			信息化管理基本知识		√	
17			绿色建筑基本知识		√	
18		装配式建筑基础知识	装配式建筑概述		√	
19			装配式结构体系	√		
20			装配式结构主要工艺流程	√		
21		建筑工程BIM技术应用	BIM概念及基础知识	√		
22			BIM技术在建筑业中的应用	√		
23			BIM技术的推广和发展前景	√		
24	岗位知识	材料员管理专业知识	材料员工作职责			√
25			建筑材料、设备、构件配置计划编制			√
26			建筑材料、设备、构件选购			√
27			建筑材料、设备、构件验收			√
28			建筑材料、设备、构件存储			√
29			建筑材料、设备、构件供应			√
30			危险物品安全			√
31		工程材料成本核算专业知识	工程招标投标基本知识	√		
32			合同管理基本知识	√		
33			建筑材料市场调查分析内容和方法	√		
34			建筑材料成本管理内容和方法			√
35		装配式混凝土建筑材料员专业知识	装配式混凝土建筑材料选择、检验、验收、存储的一般要求			√
36			装配式混凝土结构灌浆套筒配套材料规定与型式检验的规定要求		√	
37			安全施工的一般规定		√	
38		装配式钢结构建筑材料员专业知识	装配式钢结构建筑施工材料的选择、检验、验收、存储的一般要求			√
39			装配式钢结构建筑施工材料质量控制		√	

续表

项次	科目	分类	具体内容	了解	熟悉	掌握
40	岗位知识	装配式钢结构建筑材料员专业知识	装配式钢结构建筑安全施工的一般规定		√	
41		装配式木结构建筑材料员专业知识	装配式木结构建筑材料选择、检验、验收、存储的一般要求			√
42			装配式木结构建筑材料质量控制		√	
43			装配式木结构建筑安全施工的一般规定		√	
44		装配化装修材料员专业知识	装配化建筑装修工程材料选择、检验、验收、存储的一般要求			√
45			装配化建筑装修工程材料质量控制		√	
46			装配化建筑装修工程安全施工的一般规定		√	

第四节　装配式建筑机械员基本工作

根据《装配式建筑专业人员岗位培训考核标准》BCEA/T 001—2020 要求，机械员的岗位职责如表 3-7 所示。

机械员的岗位职责 表 3-7

项次	分类	主要工作职责
1	机械管理计划	（1）参与制订施工机械设备使用计划，负责制订维护保养计划。 （2）负责制定施工机械设备管理制度
2	机械前期准备	（3）参与施工总平面布置及机械设备的采购或租赁。 （4）参与审查特种设备安装、拆卸单位资质和安全事故应急救援预案，装配式建筑施工、安装、吊装等专项施工方案。 （5）参与特种设备安装、拆卸的安全管理和监督检查。 （6）参与施工机械设备的检查验收和安全技术交底，负责特种设备使用备案、登记
3	机械安全使用	（7）参与组织装配式建筑施工机械设备操作人员的教育培训和资格证书查验，建立机械特种作业人员档案。 （8）负责监督检查施工机械设备的使用和维护保养，检查特种设备安全使用状况。 （9）负责落实施工机械设备安全防护和环境保护措施。 （10）参与施工机械设备事故调查、分析和处理
4	机械成本核算	（11）参与装配式建筑施工机械设备定额的编制，负责机械设备台账的建立。 （12）负责施工机械设备常规维护保养支出的统计、核算、报批。 （13）参与施工机械设备租赁结算
5	机械资料管理	（14）负责编制施工机械设备安全技术管理资料。 （15）负责汇总、整理、移交机械设备资料

一、机械员岗位职责

1. 机械管理计划

（1）参与制订施工机械设备使用计划，负责制订维护保养计划。

根据合同要求包括工期目标、经营目标、安全文明施工目标、施工机械使用计划，并根据使用计划制订维修保养计划；装配式结构主要采用的设备包括塔式起重机、外用电梯、钢筋切断机、钢筋套丝机、钢筋弯曲机、灌浆机、电焊机、挖掘机、运输卡车、铲车、泵车等相关机械。

（2）负责制定施工机械设备管理制度。

安全教育制度：机械设备安全操作使用知识要纳入"三级安全教育"内容。机械设备操作人员必须经过专门的安全技术教育、培训，并经考试合格后，方能持证上岗。上岗人员须定期接受再教育。安全教育要分工种、分岗位进行，教育内容包括：安全法规、标准、安全技术，安全知识，安全制度，操作规程，事故案例，注意事项等。要结合施工季节、施工环境、施工进度、施工部位等易发生事故的特点，做好各种（类）机械设备安全技术交底工作。各项培训考试试卷、标准答案、考核人员汇总表一并归档、备查。

定期安全检查及隐患整改制度：各施工单位每月定期检查不少于两次，班组每天进行一次自查。公司安全管理部每月对在施工程的定期检查不少于一次，对重点工程进行不定期检查。定期检查应遵照安全检查评分表逐项进行。不定期检查应重点检查制动和安全装置是否齐全、有效、可靠；机械设备是否带病作业，是否有异常现象；金属结构部分是否开焊、开裂、变形，连接是否牢固、可靠；是否定期保养、清洁；操作人员是否持证上岗；有无违章指挥、违章作业行为等。对检查发现的问题，要采取措施，限期整改，并进行复查，填写检查、整改记录表。对检查发现的隐患填写《工程项目安全检查隐患整改记录表》，按"三定"制度，即定人、定时、定整改措施，责令限期整改落实，并进行追踪检查，直至隐患整改落实为止。每月检查后要进行全面评估，对违章指挥、违章操作和事故隐患按照"四不放过"原则，进行批评、处理，并做好记录，归档备查。

机械设备进场安装、验收、签认制度：凡进场的大、中、小型机械设备都应在相应技术负责人的指导下，由专业人员进行安装。各大、中、小机械设备的安装验收，应根据试运转情况，按规定表格内容分项如实填写。操作棚的搭设要符合规范要求。进场的机械设备验收完毕，均应在安装、验收表上，由有关人员签字确认后，方可投入使用，否则，均按违章处理。新购置、大修或经过改造的机械设备进场安装、验收、使用，均应按新设备的试运转、验收等内容逐项进行，必须有磨合期。

机械设备使用与保养制度：机械设备应有专人负责管理、使用，凡执行操作证的设备，必须实行"管用结合、人机固定、合理使用"的原则，执行定人、定机、定岗位责任的"三定"制度。多班作业时，必须有交接班制度。大型设备（多人或多班组作业）要委任司机长，一般设备要委任责任司机。机械设备操作人员要熟悉本机情况，做到"四懂、三会"，即：懂原理、懂构造、懂性能、懂用途，会操作、会维修保养、会检查排除故障。机械设备应保持技术性能良好、运转正常，安全装置齐全、灵敏、可靠。"失修"或"带病"的机械设备不得投入使用。严格执行日常保养、换季保养、停放保养制度，加强机械设备在作业前、运行中、作业后所进行的"清洁、紧固、调整、润滑、防腐"10字作业，保持设备的应有性能，消除事故隐患。大型机械设备要实行日常定检和定期检验，并做好记录，归档备查。

2. 机械前期准备

（1）参与施工总平面布置及机械设备的采购或租赁。

参与项目施工加工区的机械布设、塔式起重机的位置布设、外用电梯的布设；向技术部门提供机械设备的参数及性能，为总平面图的布置提供依据；根据项目的最优方案，确定机械设备的使用周期，最终确定采购或租赁设备；设备管理部门根据《施工设备需求计划》，通过内外租赁方式为项目部提供所需的机械设备；对外租赁设备应通过招标确定租赁方；租赁设备时，按企业授权规定由授权人与出租方签订租赁合同，租赁合同签订后由项目部机械工程师负责实施；租赁设备进出现场，项目部与租赁方应进行验收，交接资料齐全并履行签字手续。

（2）参与审查特种设备安装、拆卸单位资质和安全事故应急救援预案，装配式建筑施工、安装、吊装等专项施工方案。

在保证运输、场地、配套设施的基础上有计划地组织设备进（退）场，必要时要编制设备进（退）场安（拆）装专项技术方案，经企业批准后方可实施；机械设备进（退）场时，项目部要对设备的完好状态、安全及环保性能进行验收，验收时出租方、承租方、安装单位、项目部机械工程师要共同到场验收签字，项目部机械工程师做好验收鉴定记录；项目部按《施工组织设计》总平面管理规定布置、停放、运输、安装和控制施工机械进（退）场。

（3）参与特种设备安装、拆卸的安全管理和监督检查。

塔式起重机的安拆：向拆装单位提供拟安装设备位置的基础施工资料（如基础地质条件资料、混凝土的强度报告及隐蔽工程验收记录等），确保建筑机械进场安装、拆卸所需要的施工条件；审核起重机械的备案证明或特种设备制造许可证、产品合格证、制造监督检验证明等；审核拆装单位的资质证书、安全生产许可证和特种作业人员的特种作业操作资格证书；审核拆装单位制订的起重机械安装、拆卸工程专项施工方案和生产安全事故应急救援预案；审核使用单位制订的起重机械生产安全事故应急救援预案；指定专职设备管理人员、安全生产管理人员监督检查起重机械安装、拆卸、使用情况；施工现场有多台塔式起重机作业时，应组织制订并实施防止塔式起重机相互碰撞的安全措施；设置相应的设备管理机构或者配备专职的设备管理人员，对起重机械的完好状况进行抽查，发现问题应立即处理；监督产权单位对起重机械进行检查、维修保养，督促使用单位对起重机械做好安全防护措施，起重机械出现故障或者发生异常情况的，督促使用单位立即停止使用，并在消除故障和事故隐患后，方可重新投入使用。

（4）参与施工机械设备的检查验收和安全技术交底，负责特种设备使用备案、登记。

塔式起重机、施工升降机（含物料提升机）的产权单位，在起重机械首次出租或者使用前，应当到企业注册地的区县建委办理起重机械备案，获得全国统一的登记备案编号。备案时应当提供以下资料：

起重机械登记备案表；起重机械产权单位的企业法人营业执照；起重机械购置合同及发票或者能证明产权的资料；产品合格证，制造监督检验证明；起重机械生产企业的特种设备制造许可证；区县建委应当对以上资料进行审核，并核对原件，留存复印件，对于合格的予以登记备案，并颁发统一编号。所有资料复印件应当加盖产权单位公章。

3. 机械安全使用

参与组织装配式建筑施工机械设备操作人员的教育培训和资格证书查验，建立机械特种作业人员档案。

机械特种工作人员包括：建筑起重信号司索工、建筑起重机械司机、建筑起重机械安装拆卸工、高处作业吊篮安装、拆卸工。

4. 机械资料管理

负责编制施工机械设备安全、技术管理资料，这里主要介绍塔式起重机的技术管理及相关资料：塔式起重机、起重吊装机械设备管理系统框图，塔司、信号工花名册及操作证复印件，塔式起重机，起重吊装设备一览表、平面布置图，塔式起重机检查记录，塔式起重机隐患整改记录，产权单位资质（营业执照），塔式起重机统一登记编号，塔式起重机起重性能表，租赁合同，租赁安全管理协议，检验检测报告，月检记录，施工起重机械运行记录，维修保养记录，拆装资质，安全生产许可证，拆装方案，拆装作业人员上岗证，拆装安全协议，拆装安全事故应急救援预案，拆装报审表，验收核查表，拆装告知确认单，拆装统一检查验收表，使用登记，基础方案，锚固方案，群塔作业方案，塔式起重机使用安全事故应急救援预案，起重吊装施工方案，施工现场检查评分记录（2次/月）（塔式起重机、起重吊装），共同联合交底，应知应会考核。

二、机械员应具备的专业知识

机械员应具备的专业知识如表 3-8 所示。

机械员应具备的专业知识 表 3-8

项次	科目	分类	具体内容	了解	熟悉	掌握
1		法律法规、标准知识	建筑工程相关法律法规		√	
2			建筑工程相关标准		√	
3		建筑工程基本施工技术知识	建筑施工图识读	√		
4			建筑构造基本知识	√		
5			工程材料基本知识		√	
6			施工机械基本知识			√
7			建筑工程主要施工工艺基本知识	√		
8		建设工程项目管理基本知识	施工项目进度管理基本知识		√	
9			施工项目成本管理基本知识		√	
10			施工项目质量管理基本知识		√	
11	基础知识		施工项目安全管理基本知识		√	
12			职业健康安全与环境管理基本知识		√	
13			施工项目资料管理基本知识		√	
14			智慧工地基本知识		√	
15			信息化管理基本知识		√	
16			绿色建筑基本知识		√	
17		装配式建筑基础知识	装配式建筑概述		√	
18			装配式结构体系	√		
19			装配式结构主要工艺流程	√		
20			装配式施工机械设备工作原理、类型、构造及技术性能的基本知识			√
21		建筑工程BIM技术应用	BIM 概念及基础知识	√		
22			BIM 技术在建筑业中的应用	√		
23			BIM 技术的推广和发展前景	√		
24	岗位知识	机械员管理专业知识	机械员工作职责			√
25			施工机械设备使用计划编制			√

续表

项次	科目	分类	具体内容	了解	熟悉	掌握
26		机械员管理专业知识	审查安全事故救援预案、专项施工方案，施工机械设备的检查验收和安全技术交底		√	
27			施工机械设备的购置、租赁知识		√	
28			施工机械设备安全运行、维护保养基本知识			√
29			施工机械设备常见故障、事故原因和排除方法		√	
30			施工临时用电技术规程和机械设备用电知识			√
31		工程机械设备成本核算专业知识	工程招标投标基本知识		√	
32			合同管理基本知识		√	
33			施工机械设备成本管理内容和方法			√
34	岗位知识	装配式混凝土建筑机械员专业知识	装配式混凝土建筑机械设备选择、检验、验收的一般要求			√
35			装配式混凝土结构专用工器具相关成套体系一般做法要求		√	
36			装配式混凝土建筑安全操作规程		√	
37		装配式钢结构建筑机械员专业知识	装配式钢结构建筑机械设备的选择、检验、验收的一般要求			√
38			装配式钢结构建筑机械设备质量控制		√	
39			装配式钢结构建筑安全施工的一般规定		√	
40		装配式木结构建筑机械员专业知识	装配式木结构建筑机械选择、检验、验收的一般要求			√
41			装配式木结构建筑机械设备质量控制		√	
42			装配式木结构建筑安全施工操作规程		√	
43		装配化装修机械员专业知识	装配化建筑装修工程机械设备选择、检验、验收的一般要求			√
44			装配化建筑装修工程机械设备质量控制		√	
45			装配化建筑装修工程安全施工操作规程		√	

第五节 装配式建筑劳务员基本工作

根据《装配式建筑专业人员岗位培训考核标准》BCEA/T 001—2020 标准要求，劳务员的岗位职责如表 3-9 所示。

表 3-9

劳务员的岗位职责

项次	分类	主要工作职责
1	劳务管理计划	（1）参与制订劳务管理计划。 （2）参与组建项目劳务管理机构和制定劳务管理制度

续表

项次	分类	主要工作职责
2	资格审查培训	（3）负责验证劳务分包队伍资质，办理登记备案，参与劳务分包合同签订，对劳务队现场施工管理情况进行考核评价。 （4）负责审核劳务人员身份、资格，办理登记备案。 （5）参与组织劳务人员培训
3	劳动合同管理	（6）参与或监督劳务人员劳动合同的签订、变更、解除、终止及参加社会保险等工作，对劳动合同进行规范性审查。 （7）负责或监督劳务人员进出场及用工管理。 （8）负责劳务结算资料的收集整理，参与劳务费的结算，核实劳务分包款、劳务工人工资。 （9）参与或监督劳务人员工资支付，负责劳务人员工资公示及台账的建立
4	劳务纠纷处理	（10）参与编制、实施劳务纠纷应急预案。 （11）参与调解、处理劳务纠纷和工伤事故的善后工作
5	劳务资料管理	（12）负责编制劳务队伍和劳务人员管理资料。 （13）负责收集、汇总、整理、移交劳务管理资料

一、劳务分包合同订立的基本要求

1）在订立劳务分包合同之日起 7 日内办理劳务合同备案手续。劳务分包合同应当在中标通知书发出后 30 日内签订。在未订立分包合同前，分包单位不得进场施工。劳务分包合同订立后，除依法变更外，双方不得再订立背离劳务分包合同实质性内容的其他协议。

2）劳务分包合同应使用发布的规范合同文本。

3）劳务分包合同不得包括的内容：大型机械、周转性材料租赁和主要材料采购等。

4）劳务分包合同内容必须注明分包范围、合同价款、计价方式、支付时间、人员管理、用工方式、洽商变更的调整方式、违约责任、罚款比例等内容，严格按照市建委的相关要求填写（明确违约责任）。合同正本若不能满足要求，可作补充协议，协议中可包括：工期质量要求、安全施工要求、分包项目、辅材等。

5）劳务分包合同价款

劳务分包合同价款不得以"暂估价"方式约定合同总价。

劳务分包合同价款（劳务费）包括工人工资，文明施工及环保费中的人工费、管理费、劳动保护费、各项保险费、低值易耗材料费、工具用具费、中小型机具及手使工具费、现场二次搬运及材料装卸费、冬雨期施工费、利润等。

劳务分包合同价款应当明确的四项内容。

（1）正负零以下工程，正负零以上结构、装修、设备安装工程等应分别约定。

（2）工人工资、管理费、工具用具费、低值易耗材料费等应分别约定。

（3）承包低值易耗材料的，应当明确材料价款总额，并明确材料款的支付时间、方式。

（4）劳务分包合同价格风险幅度应明确约定，超过风险幅度范围的应当及时调整。

6）合同中对于定额工以外发生的零工，按工日单价的形式确定，以实际发生、书面签证资料为准。

7）发生特殊情况需解除劳务分包合同的，应及时与分包方签订解除劳务分包合同协议书，协议书中，必须明确发生的工程量、人工费等一切相关费用。

劳务分包需提供以下资料。

（1）作业人员花名册。

（2）施工人员安全生产教育试卷，进城务工人员普法维权试卷。

（3）劳务公司与作业人员签订的书面劳动合同原件一份。

（4）作业人员身份证复印件、岗位证书复印件等相关证件。

劳务工作的相关要求：项目应根据要求设置专职劳务管理人员。劳务分包企业人员500人以上的，必须设置专职劳务管理人员；500人以下的，设置至少1名兼职劳务管理人员。项目部要做到人员实名制管理，严格要求劳务队伍对每月人员增减进行登记，填写《项目施工人员增减表》，督促劳务企业及时办理新增人员变更备案手续。

施工现场应备存以下资料。

（1）劳务企业资质等级证书、企业营业执照、安全生产许可证、《劳务企业进京施工档案管理手册》、工资保证金账户证明。

（2）劳务分包合同及备案通知书。

（3）人员备案花名册及《项目施工人员增减表》。

（4）每月施工人员工资表、考勤表（本人签字、企业盖章）。

（5）作业人员劳动合同原件及身份证复印件。

（6）总、分包方劳动力管理员证书复印件。

（7）现场劳务负责人授权委托书。

（8）施工人员安全生产培训教育试卷。

（9）劳务例会纪要。

（10）劳务费用支付专用发票复印件。

（11）劳务费用月结算单（项目经理、劳务负责人签字盖章）。

（12）劳务应急预案制度。

二、劳务员应具备的专业知识

劳务员应具备的专业知识如表 3-10 所示。

劳务员应具备的专业知识　　　　　　　　表 3-10

项次	科目	分类	具体内容	了解	熟悉	掌握
1	基础知识	法律法规知识	建筑工程相关法律法规		√	
2			专项法律法规知识		√	
3			建筑工程相关标准		√	
4		计算机知识	计算机基本常识		√	
5			文字输入、制表和排版等基本技能			√
6		建筑工程基本施工技术知识	建筑施工图的识读	√		
7			建筑构造基本知识	√		
8			建筑构造技术基本知识	√		
9			工程材料基本知识	√		
10			施工机械基本知识	√		
11			装配式工程主要施工工艺基本知识	√		
12		建设工程项目管理基本知识	施工项目进度、计划管理		√	
13			施工项目质量管理规划	√		
14			施工项目风险管理	√		
15			质量、环境和安全体系标准相关知识		√	
16			施工项目质量管理体系文件		√	
17			智慧工地管理基本知识		√	
18			信息化管理基本知识		√	
19			绿色建筑基本知识	√		
20		装配式建筑材料、设备、构配件专业知识	装配式建筑概述		√	
21			装配式结构体系	√		
22			装配式结构施工特性	√		
23			装配式结构主要工艺流程	√		
24		建筑工程BIM技术应用	BIM概念及基础知识	√		
25			BIM技术在建筑业中的应用	√		
26			BIM技术的推广和发展前景	√		
27	岗位知识	劳务员专业基础知识	信访工作的基本知识			√
28			人力资源开发及管理的基本知识	√		
29			劳务员工作职责			√
30			社会保险基本知识	√		
31			信访工作		√	

续表

项次	科目	分类	具体内容	了解	熟悉	掌握
32			劳务合同			√
33		劳务分包管理	劳务招标投标			√
34			劳务分包作业			√
35			劳务费用的结算与支持			√
36		劳务管理计划	劳务需求、配备、教育培训、考核计划编制			√
37			应急预案编制			√
38		劳务队伍资格审查	劳务队伍资质验证			√
39			装配式建筑岗位要求			√
40	岗位知识		劳务人员岗位职业资格认定			√
41		劳务人员工资管理	工资管理台账			√
42			工资发放核算			√
43			工资账户备案			√
44		劳务纠纷处理	劳务纠纷处理程序、方法和对策			√
45			劳务纠纷应急预案编制			√
46		劳务用工实名制管理	人员管理台账			√
47			实名制备案系统			√
48		施工现场生活区设置和管理	方案编制		√	
49			总体管理			√
50		劳务统计和劳务资料管理	劳务统计			√
51			收集、整理、编制劳务管理资料			√

第六节　装配式建筑资料员基本工作

　　根据《装配式建筑专业人员岗位培训考核标准》BCEA/T 001—2020 标准要求，资料员的岗位职责如表 3-11 所示。

资料员的岗位职责 表 3-11

项次	分类	主要工作职责
1	资料计划管理	（1）负责制订施工资料管理计划。 （2）负责建立施工资料管理规章制度
2	资料收集整理	（3）负责建立施工资料台账，进行施工资料交底。 （4）负责施工资料的收集、审查及整理

续表

项次	分类	主要工作职责
3	资料使用保管	（5）负责施工资料的往来传递、追溯及借阅管理。 （6）负责提供管理数据、信息资料
4	资料归档移交	（7）负责施工资料的立卷、归档。 （8）负责装配式深化设计及构配件原始资料的收集、归档。 （9）负责施工资料的封存和安全保密工作。 （10）负责施工资料的验收和移交
5	资料信息 系统管理	（11）参与建立施工资料管理系统。 （12）负责施工资料管理系统的运用、服务和管理

一、资料员岗位职责

1. 资料计划管理

（1）负责制订施工资料管理计划。

根据工程进度计划及质量标准制订资料管理计划；计划中明确工程资料的组成：包括技术管理资料、工程质量保证资料、工程质量验收资料、工程影像资料等，根据合同要求，明确工程资料的份数；确定工程资料的分类管理；明确工程资料管理的其他要求，例如：资料的及时性、数据的准确性、明确编制责任及移交日期、与竣工资料目录相符的组卷方式、竣工后移交公司的时间等。

（2）负责建立施工资料管理规章制度。

包括资料员的岗位职责；资料档案的领取及发放制度；资料的移交及归档制度。

2. 资料收集整理

负责建立施工资料台账，进行施工资料交底。

根据资料的分类建立资料台账；根据资料的标准进行交底，比如执行合格品标准或是执行创优标准，及标准的允许偏差等。

二、资料员应具备的专业知识

资料员应具备的专业知识如表3-12所示。

资料员应具备的专业知识　　　　　　　　　　表3-12

项次	科目	分类	具体内容	了解	熟悉	掌握
1	基础 知识	法律法规知识	建筑工程相关法律法规	√		
2			专项法律法规知识	√		
3			建筑工程相关标准			√
4		计算机知识	计算机基本常识		√	

续表

项次	科目	分类	具体内容	了解	熟悉	掌握
5	基础知识	计算机知识	文字输入、制表和排版等基本技能		√	
6		建筑工程基本施工技术知识	建筑施工图的识读			√
7			建筑构造基本知识		√	
8			建筑结构技术基本知识		√	
9			工程材料基本知识		√	
10			施工机械基本知识		√	
11			建筑工程主要施工工艺基本知识		√	
12		建设工程项目施工管理基本知识	施工项目进度、计划管理	√		
13			施工项目质量管理规划			√
14			施工项目风险管理	√		
15			质量、环境和安全体系标准相关知识	√		
16			施工项目质量管理体系文件		√	
17			智慧工地管理基本知识	√		
18			信息化管理基本知识			√
19			绿色建筑基本知识	√		
20		装配式建筑基础知识	装配式建筑概述		√	
21			装配式结构体系			√
22			装配式结构施工特性			√
23			装配式结构主要工艺流程			√
24		建筑工程BIM技术应用	BIM概念及基础知识	√		
25			BIM技术在建筑业中的应用	√		
26			BIM技术的推广和发展前景	√		
27	岗位知识	资料员专业基础知识	质量管理通用职责	√		
28			监理单位职责		√	
29			建设单位职责		√	
30			城建档案馆职责		√	
31			施工单位职责		√	
32			资料员的工作职责		√	
33			资料员专项法律法规		√	
34		工程资料分类与编号	基建文件的分类及编号	√		
35			监理资料的分类及编号		√	
36			施工资料的分类及编号			√
37			建筑工程质量验收的划分，单位（子单位）工程的划分，分部（子分部）工程的划分			√
38		基建文件专业知识	基建文件的基本规定		√	
39			基建文件的内容与要求	√		
40		监理资料专业知识	监理管理资料		√	

续表

项次	科目	分类	具体内容	了解	熟悉	掌握
41	岗位知识	监理资料专业知识	监理工作记录		√	
42			竣工验收资料		√	
43		施工资料专业知识	施工单位的工程质量管理内容	√		
44			建筑工程质量验收的专业知识			√
45			分项工程的划分，检验批的划分，室外工程的划分		√	
46			施工质量控制的基本要求		√	
47			施工质量验收的合格条件及资料填写			√
48			工程资料的策划			√
49			施工管理资料		√	
50			施工记录资料			√
51			材料的种类、型号和复试条件		√	
52			施工试验资料的相关知识			√
53		竣工图专业知识	竣工图的编制要求和主要内容		√	
54			竣工图纸折叠方法			√
55		工程资料编制组卷	工程资料编制组卷的质量要求		√	
56			工程资料封面与目录、案卷规格与装订要求			√
57		工程资料移交和归档	验收与移交的相关规定	√		
58			向城建档案馆报审工程档案的范围		√	
59		装配化装修资料员专业知识	装饰装修工程专业施工技术			√
60			各分项工程施工及验收内容		√	
61			施工工艺及工序流程		√	

第七节　装配式建筑试验员基本工作

根据《装配式建筑专业人员岗位培训考核标准》BCEA/T 001—2020 标准要求，试验员的岗位职责如表 3-13 所示。

试验员的岗位职责　　　　　　　　　　　　　　　　　表 3-13

项次	分类	主要工作职责
1	施工试验策划	（1）负责施工试验方案的编制。 （2）负责制定试验管理相关制度
2	施工试验检测	（3）参与图纸会审、材料核定。 （4）负责进场材料取样复试及资料收集。 （5）负责收集整理预制构件进场提供的合格证及相关质量证明文件

续表

项次	分类	主要工作职责
2	施工试验检测	（6）负责履行见证程序。 （7）参与不合格品的标识和处置。 （8）负责标养室管理
3	试验仪器设备管理	（9）负责建立仪器、设备管理台账。 （10）负责试验仪器设备定期检定及维护保养
4	试验资料管理	（11）负责编写试验台账、报告收集整理等相关施工资料。 （12）参与汇总、整理和移交施工资料

一、试验员岗位职责

1. 施工试验策划

（1）负责施工试验方案的编制。

（2）负责制定试验管理相关制度。

试验员必须取得相关上岗证，按《试验方案》（审批后）进行各种原材料检测试验试样的取样工作。做好各种试样的采集、制样、标识、保管、养护、送试及大气测温工作。负责混凝土、砂浆质量的抽检工作，如实填写施工试验记录，发现问题及时向项目总工程师汇报。负责现场回填土工程的试验工作，认真、及时填写试验原始记录和试验报告单，按施工进度情况及时送试验室盖章。负责管理现场的标准养护室，保证温度在20±2℃之间，相对湿度大于95%，以保证试块表面处于潮湿状态，且避免用水直接喷淋试块。负责将脱模后的混凝土、砂浆试块及时放入标准养护室内进行养护。负责养护室的温、湿度检查，做到每日4次，并记录检查情况，发现异常问题及时处理。经常保持标准养护室的环境卫生，除试块制作的工具、设备外，其他物品不准放进养护室。负责填写原始记录、试验报告单和试样台账，并按试验项目依时间顺序统一连续编号，字迹清楚，不得乱写。建立原材料试样台账、钢筋试样台账、混凝土试样台账、砂浆试样台账及钢筋连接、焊接试样台账、回填土干密度原始试验记录。建立不合格试样台账，不合格的试样必须在台账上注明并立即向项目总工程师和材料组汇报。负责填写试验委托单，并在试样台账上登记委托编号，收样要在试样台账上登记试验编号，发放试验报告单要填写文件发放记录。负责按周期对所有试验设备、仪器进行鉴定，并保存好鉴定证书和自检记录。负责混凝土坍落度的检查，要求车车检查并做好记录。施工项目部与监理共同进行见证取样。现场试验员必须确保试验试样的真实性和代表性，做到各种检测试验不漏项，试样编号不空号、不重号。

2. 施工试验检测

负责履行见证程序。

二、试验员应具备的专业知识

试验员应具备的专业知识如表 3-14 所示。

试验员应具备的专业知识　　　　　　　　　　表 3-14

项次	科目	分类	具体内容	了解	熟悉	掌握
1		法律法规知识	建筑工程相关法律法规	√		
2			建筑工程相关标准			√
3			建筑施工图及装配式建筑施工图识读的基础知识			√
4			建筑构造及装配式建筑施工图的组成及作用		√	
5			建筑结构施工图的种类及看图步骤	√		
6		建筑工程试验施工基础知识	建筑工程施工常用材料的基础知识			√
7			建筑工程常用材料、试验的试验项目及送试要求			√
8			各阶段施工过程的主要施工工艺	√		
9			国际单位制和基本单位及建设工程常用国家法定计量单位	√		
10			国家和地方有关法律、法规和技术标准的规定			√
11	基础知识		施工项目管理组织基本知识	√		
12			施工项目进度管理基本知识	√		
13			施工项目成本管理基本知识	√		
14			施工项目质量管理基本知识			√
15		建设工程项目管理基本知识	施工项目安全管理基本知识			√
16			职业健康安全与环境管理基本知识			√
17			施工项目资料管理基本知识			√
18			智慧工地基本知识	√		
19			信息化管理基本知识	√		
20			绿色建筑基本知识	√		
21			装配式建筑概述	√		
22		装配式建筑基础知识	装配式结构体系		√	
23			装配式结构施工特性		√	
24			装配式结构主要工艺流程		√	
25			BIM 概念及基础知识	√		
26		建筑工程BIM技术应用	BIM 技术在建筑业中的应用	√		
27			BIM 技术的推广和发展前景	√		
28	岗位知识		试验员的工作职责			√
29		试验管理知识	常用建筑材料的相关标准、基本概念			√
30			试验方案、计划编制			√
31			常用建筑材料进场复验的组批原则、取样数量			√

续表

项次	科目	分类	具体内容	了解	熟悉	掌握
32	岗位知识	试验管理知识	常用建筑材料进场复验项目试验结果的评定			√
33			标养室管理知识		√	
34			试验资料知识		√	
35		试验实操知识	常用建筑材料进场复验取样方法			√
36			水泥标准稠度用水量试验			√
37			混凝土试块抗压强度试验			√
38			灌浆料流动度试验			√
39			钢筋拉伸试验			√
40		装配式混凝土建筑施工专业知识	钢筋灌浆套筒种类与造型		√	
41			灌浆套筒进场验收		√	
42			灌浆套筒力学性能试验及试验报告单			√
43			灌浆料进场验收与检验			√
44			灌浆料性能试验与试验报告单			√
45		装配式钢结构建筑施工专业知识	装配式钢结构建筑施工材料选择的一般要求		√	
46			装配式钢结构建筑施工材料的验收与检验			√
47		装配式木结构建筑施工专业知识	木制品的选用及相关性能	√		
48			胶粘剂的选用及相关性能	√		
49			金属材料及连接件的选用及相关性能	√		
50			木制品材料的验收及检验			√
51			胶粘剂的验收及检验			√
52			金属材料及连接件的验收及检验			√
53		装配式建筑设备工程专业知识	设备形式检验相关知识		√	
54		装配化装修试验员专业知识	装配化装修工程材料选择的一般要求		√	
55			装配化建筑装修工程材料的验收及检验			√

第八节 装配式建筑测量员基本工作

根据《装配式建筑专业人员岗位培训考核标准》BCEA/T 001—2020标准要求，测量员的岗位职责如表3-15所示。

测量员的岗位职责 表 3-15

项次	分类	主要工作职责
1	施工测量策划	（1）负责施工测量方案的编制。 （2）负责制定测量管理制度、流程
2	施工测量	（3）参与图纸会审，了解设计意图。 （4）参与建设单位组织的控制点、水准点的交接工作。 （5）负责测量标识。 （6）负责施工测量控制及日常放线工作。 （7）负责复核验线工作。 （8）负责对装配式结构安装精度进行评定与变形观测
3	测量仪器设备管理	（9）负责建立测量仪器设备台账。 （10）负责测量仪器定期检定及维护保养
4	施工测量资料管理	（11）负责测量成果及资料管理

一、测量员岗位职责

1. 施工测量策划

1）负责施工测量方案的编制。

2）负责制定测量管理制度。

（1）测量设备采购制度。

（2）测量设备检定制度。

（3）测量设备标识制度。

（4）测量设备的使用、维护及保养制度。

（5）测量设备的报废制度。

2. 施工测量

1）参与建设单位组织的控制点、水准点的交接工作

（1）施工测量定位依据点及水准点交接工作应在技术部门收到设计文件并具备相应条件后进行。交接工作应在建设单位主持下，由建设、设计、监理和施工单位在现场进行。进行桩点交接时相应的资料必须齐全，一切测量数据、附图和标志等必须是正确、有效，且应为原始文件。

（2）建设单位提供的标准桩应完整、稳固并有醒目的标志，施工单位接桩后，必须对标准桩点采取有效的保护措施，做好标识，严禁压盖、碰撞和毁坏。

（3）交接桩工作办理完毕后，必须填写交接桩记录表，一式四份，建设单位、监理单位、分部（项目部）、测量员各一份。

（4）接桩后由测量队（组）对桩点进行复测校核，发现问题应提交建设单位、规划单位或上级测绘部门解决。校核内容包括桩点的高程、边长、方向角、坐标及非桩点定位依

据的几何关系，复测记录应保存。

（5）对于建设单位提供的钉桩通知单或其他原始数据应进行核算，内容包括坐标反算、几何条件核算、起始定位和高程条件依据的正确性校对、施工图中各种几何尺寸的校核等。起始定位依据是唯一确定建筑物平面位置和高程的条件，若有多余定位条件并相互矛盾时，应与建设方及监理方协商，在保证首要条件的前提下对次要条件进行修改，对于与建筑定位和高程有关的变更必须有建设方书面确认。

2）负责施工测量控制及日常放线工作

（1）施工测量各项内容的实施应按照方案和技术交底进行，遇到问题应及时会同技术部门进行方案调整，补充或修改方案。

（2）施工测量中必须遵守先整体后局部的工作程序，即先测设精度较高的场地整体控制网，再以控制网为依据进行局部建筑物的定位、放线。

（3）施工测量前必须严格审核测量起始依据（设计图纸、文件、测量起始点位、数据）的正确性，坚持测量作业与计算工作步步有校核的工作方法。

（4）实测时应做好原始记录。施工测量工作的各种记录应真实、完整、正确、工整，并妥善保存，对于需要归档的各种资料应按施工资料管理规程整理及存档。

（5）每次施工测量放线完成后，按施工资料管理规程要求，测量人员应及时填写各项施工测量记录，并提请质量检查员进行复测。

3）负责复核验线工作

（1）质量检查员应对施工测量记录的内容进行复测检查，并与测量人员办理自检记录。

（2）施工测量放线自检合格后，由质量检查员报请监理验收。

（3）施工测量放线验收通过后，由测量人员向下一工序的班组进行交接，并办理交接检验记录。

4）负责对装配式结构安装精度进行评定与变形观测

（1）对装配式结构转换层定位模具放样、预制墙体及预制叠合板等构件位置进行复核。

（2）规范或设计要求进行新建建筑物变形观测的项目，由建设单位委托有资质的单位完成，施测单位应按变形观测方案定期向建设单位提交观测报告，建设单位应及时向设计及土建施工单位反馈观测结果。

（3）施工现场邻近建（构）筑物的安全监测、邻近地面沉降监测范围与要求由建设单位确定，并由建设单位委托有资质的单位完成，施测单位应按变形观测方案定期向建设单位提交观测报告，建设单位应及时向设计及土建施工单位反馈观测结果。

（4）建筑深基坑支护工程应由建设单位委托的第三方、专业施工单位及总包单位按规定进行监测，其监测项目和频率应执行现行国家标准《建筑基坑工程监测技术规范》GB 50497 的相关规定，并应编写变形观测方案，及时整理观测结果，保证施工中的安全。

3. 测量仪器设备管理

负责建立测量仪器设备台账（表 3-16、表 3-17）。

自检类施工测量与监视设备及其检定周期规定　　　　　　表 3-16

序号	设备名称	检定周期（月）	备注
1	全站仪	12	长度类
2	经纬仪	12	长度类
3	水准仪	12	长度类
4	垂准仪	12	长度类
5	水准标尺	12	长度类
6	测距仪	12	长度类
7	钢卷尺	12	长度类
8	直角尺	12	长度类
9	钢直尺	12	长度类
10	游标卡尺	12	长度类
11	工程检测尺	6	长度类
12	楔尺	6	长度类
13	天平	12	力学类
14	砝码	12	力学类
15	台秤	12	力学类
16	弹簧秤	12	力学类
17	回弹仪	6	力学类
18	氧气表	6	力学类
19	乙炔表	6	力学类
20	水压表	6	力学类
21	标准养护室控制仪	24	热工类
22	玻璃液体温度计	12	热工类
23	电子测温仪	12	热工类
24	红外测温仪	12	热工类
25	绝缘电阻表	12	电工类
26	接地电阻表	12	电工类
27	露点开关测试仪	12	电工类
28	万用表	12	电工类
29	电流表	12	电工类
30	电压表	12	电工类

续表

序号	设备名称	检定周期（月）	备注
31	噪声检测仪	12	声学类
32	钢卷尺	3	
33	数字多用表	3	
34	高低温度计	3	
35	数字温度计	3	
36	混凝土试模	3	
37	砂浆试模	3	
38	坍落度筒	3	
39	环刀	3	

施工测量和监视设备周检动态台账 表 3-17

编号	设备名称	型号	厂家	使用单位	检定日期	检定周期	使用台账	备注

二、测量员应具备的专业知识

测量员应具备的专业知识如表 3-18 所示。

测量员应具备的专业知识 表 3-18

项次	科目	分类	具体内容	了解	熟悉	掌握
1		法律法规知识	建筑工程相关法律法规		√	
2			建筑工程相关标准		√	
3			识图、审图、绘图的能力			√
4			不同工程类型、不同施工方法对测量 放线不同要求的能力			√
5			掌握仪器构造、原理和仪器使用、检校、维修的能力		√	
6		建筑工程通用 施工技术知识	对各种几何形状、数据、点位的计算与核核能力		√	
7	基础 知识		误差理论，针对误差产生的原因采取措施， 以及对各种观测数据进行处理的能力	√		
8			工程测量理论，针对不同工程采用不同观测方法与校测 方法，高精度、高速度的实测能力		√	
9			针对不同现场、不同情况综合分析处理问题的能力			√
10			施工项目管理组织基本知识		√	
11		建设工程项目 管理知识	施工项目进度管理基本知识	√		
12			施工项目成本管理基本知识	√		
13			施工项目质量管理基本知识		√	

续表

项次	科目	分类	具体内容	了解	熟悉	掌握
14	基础知识	建设工程项目管理知识	施工项目安全管理基本知识		√	
15			职业健康安全与环境管理基本知识		√	
16			施工项目资料管理基本知识	√		
17			智慧工地基本知识	√		
18			信息化管理基本知识	√		
19			绿色建筑基本知识	√		
20		装配式建筑基础知识	装配式建筑概述	√		
21			装配式结构体系		√	
22			装配式结构施工特性		√	
23			装配式结构主要工艺流程		√	
24		建筑工程BIM技术应用	BIM概念及基础知识	√		
25			BIM技术在建筑业中的应用	√		
26			BIM技术的推广和发展前景	√		
27	岗位知识	测量员专业基础知识	测量员的工作职责			√
28			测量专项法律法规		√	
29			测量方案编制			√
30			数据评定		√	
31			控制测量		√	
32			工程测量		√	
33			变形测量		√	
34			测量检验		√	
35			测量仪器设备维护		√	
36		装配式混凝土建筑施工专业知识	布设装配式混凝土结构建筑测量控制网			√
37			细部节点的放样、定位、观测、记录			√
38			装配式混凝土变形测量的观测、记录			√
39		装配式钢结构建筑施工专业知识	布设装配式钢结构建筑测量控制网		√	
40			钢结构细部节点的放样、定位、观测、记录			√
41			装配式钢结构变形测量的观测记录			√
42		装配式木结构建筑施工专业知识	布设装配式木结构建筑测量控制网		√	
43			木结构细部节点的放样、定位、观测、记录		√	
44			装配式木结构变形测量的观测记录		√	
45		装配式建筑设备工程专业知识	对装配式设备基础进行定位			√
46			控制测量精度及调整			√
47		装配化装修测量员专业知识	对装配化装修轴线进行定位			√
48			装配化装修的测量复核			√

第九节　装配式建筑安装工基本工作

一、编制依据

（1）《装配式混凝土建筑技术标准》GB/T 51231。

（2）《建筑施工起重吊装工程安全技术规范》JGJ 276。

（3）《混凝土结构工程施工质量验收规范》GB 50204。

（4）《装配式混凝土结构技术规程》JGJ 1。

（5）《建筑施工高处作业安全技术规范》JGJ 80。

（6）《起重机 钢丝绳 保养、维护、检验和报废》GB/T 5972。

（7）《建筑机械使用安全技术规程》JGJ 33。

（8）《重要用途钢丝绳》GB 8918。

（9）《起重吊钩 第3部分：锻造吊钩使用检查》GB/T 10051.3。

（10）《钢丝绳通用技术条件》GB/T 20118。

二、预制构件的分类

预制混凝土构件是指在工厂或现场预先制作的混凝土构件，简称预制构件，针对不同的结构体系可采用的预制构件有所不同，典型的预制构件分类如表3-19所示。

预制构件分类　　　　　　　　　　　　表3-19

结构体系	主要预制构件
装配整体式框架结构	叠合梁、预制柱、叠合楼板、预制外挂墙板、叠合阳台、预制楼梯及预制空调板等
装配整体式剪力墙结构	预制剪力墙板、预制外挂墙板、叠合梁、叠合楼板、叠合阳台、预制楼梯及预制空调板等
装配整体式框架—剪力墙结构	叠合梁、预制柱、叠合楼板、预制外挂墙板、叠合阳台、预制楼梯及预制空调板等

三、安装工的基本工作及要求

1. 安装工需掌握的理论知识（表3-20）

安装工需掌握的理论知识　　　　　　　　　　　　表 3-20

项目	分类	主要工作职责
基础知识	1. 识图、制图知识，绘制简单图，定位测量放线，专项施工方案	（1）装配式建筑结构施工图； （2）装配式建筑结构构件专项安装平面布置图； （3）装配式建筑结构预埋连接件布置图； （4）装配式建筑结构构件安装位置施工顺序图与定位测量放线； （5）专项施工方案
	2. 装配式建筑结构及规范标准知识	（1）装配式建筑结构分类； （2）安装施工技术规范及标准； （3）装配式建筑结构与构造； （4）装配式建筑结构安装工艺知识； （5）隐蔽工程内容及方法； （6）构件堆放、吊装、安装措施及技术要点； （7）装配式建筑结构构件灌浆连接的基本要求和规定内容
专业知识	1. 设备及施工专用器具选用原则及标准	（1）塔式起重机及其他吊装设备的选型原则； （2）吊装专用吊具、绳索的标准； （3）预制构件安装施工专用支撑器具选用的原则； （4）安全防护措施专用架体的选用原则； （5）预制构件现场堆放、存放的条件，专用设施的选用原则； （6）施工专用设备、器具及架体等材料进场验收和复验的要求； （7）常用手持工具； （8）专用安装调节工具
	2. 构件吊装安装的标准	（1）吊装吊点设计的受力性能特点； （2）墙板、外挂板、楼梯、阳台板、空调板等支撑的性能特点； （3）专用外保温板拉结件的性能特点； （4）预制外挂板、预制混凝土模板连接件的性能特点； （5）灌浆套筒连接接头的性能特点； （6）结构现浇节点部位钢筋搭接处理
	3. 相关材料要求	（1）装配式建筑结构构件连接预埋件的特性和质量要求； （2）坐浆、灌浆连接材料的标准及性能； （3）保温板连接件的标准及性能； （4）预制混凝土模板连接件的标准及性能； （5）功能性密封预埋材料的标准及性能； （6）临时拉结材料的性能要求； （7）相关材料进场验收和复验的要求
	4. 现场堆放架体、安全防护架体系选用与性能要求	（1）预制构件现场堆放、存放的专用架体的设计与性能要求； （2）安全防护架分类及适用范围； （3）安全防护架的安装与拆除工艺流程； （4）安全防护架的设计与性能要求
	5. 紧固件的品种及性能	（1）常用螺栓紧固件规格； （2）常用玻纤连接件规格； （3）常用金属连接件规格
安全知识	1. 安全教育	（1）进场安全教育、培训； （2）班前施工安全教育
	2. 安全防护	（1）施工安全防护用品； （2）防护设施、防护位置、防护方法

续表

项目	分类	主要工作职责
安全知识	3. 设备安全	（1）设备的检查验收； （2）设备专人操作及防护
环境保护	1. 环保施工	（1）控制污染材料、噪声； （2）节水、节电、节材
	2. 成品保护	（1）成品保护方法； （2）成品保护材料
职业道德	1. 文明施工	（1）施工安装着装整齐，禁止酒后作业； （2）挂牌施工安装，工完场地清理
	2. 质量第一	（1）严格执行施工安装规范验收标准； （2）努力学习，提高技术水平

2. 安装工需掌握的吊装施工操作技能（表 3-21）

安装工需掌握的吊装施工操作技能　　　　　　表 3-21

项目	分类	主要工作职责
操作技能	1. 安装施工前准备	（1）准备内容：技术资料准备，技术交底，安全技术交底。机具、材料准备，施工现场准备，作业条件准备； （2）采用重锤、钢丝线、测量仪器等工具在主体结构上标出预制构件安装就位等基准线； （3）定出预制构件安装位置，对安装位置进行调整、复核； （4）对预埋件、预留钢筋进行检验，并画出预埋件偏差图，标出具体偏差调节尺寸
	2. 现场施工	（1）预制构件的质量检查、验收； （2）构件吊点预埋的质量检查、验收； （3）吊装机具的选用和规范操作； （4）构件起吊前重心及吊装平衡性调整； （5）专用吊具的操作与检验； （6）预埋件的连接操作与检验； （7）预制混凝土构件现场堆放、码放操作与检验； （8）支撑架体及专用支撑材料的选用与检查、验收； （9）预制墙板、柱构件的结构安装、调整、检验； （10）预制楼板、梁构件的结构安装、调整、检验； （11）预制楼梯的结构安装、调整、检验； （12）预制空调板、阳台板等悬挑构件的支撑搭设与检查、验收； （13）预制空调板、阳台板等构件的安装、调整、检验； （14）结构构件干式连接部位的安装、调整、检验； （15）隐蔽验收项目； （16）外挂板、预制混凝土模板构件的安装、调整、检验； （17）现浇节点部位的钢筋检查与检验； （18）构件钢筋锚固段与节点钢筋的位置检查与检验； （19）安全防护架体的检查
	3. 维护和修复	（1）对各种构件的成品保护； （2）对各种构件安装后的质量问题进行维护和修复； （3）对各类操作工器具实施维修和维护

续表

项目	分类	主要工作职责
工具设备的使用和维护	1. 构件安装施工常用机具	（1）吊装机具的性能和使用； （2）堆放机具的性能和使用； （3）支撑类机具的性能和使用； （4）手持类机具的性能和使用； （5）安装施工常用机具的保养； （6）常用机具的故障排除
	2. 常用测量器具的使用和保养	测量仪器使用水准仪、经纬仪、垂直激光仪及卷尺
安全生产及文明施工	1. 安全施工	（1）安全操作规程； （2）安全防护标准； （3）安装、运输和堆场的要求
	2. 文明施工	（1）施工着装整齐，禁止酒后作业； （2）挂牌施工安装，工完场地清
环境保护	1. 环保施工	（1）控制噪声措施，施工垃圾归类； （2）节水、节电、节材
	2. 成品保护	（1）成品的保护方法正确； （2）保护成品选材合理

四、吊装前准备工作

1. 技术准备

（1）熟悉、审查施工图纸和有关的设计资料。

（2）编制吊装计划。

（3）组织现场吊装人员学习并掌握装配式施工相关知识，了解吊装过程中的注意事项，重点掌握异形构件的吊装。

（4）现场作业人员及时加强与技术人员的沟通和信息联系。

2. 人员准备

（1）管理人员：作业现场预制构件的吊装，由工长和安全员共同负责，并由专业技术人员对现场吊装进行技术指导。

（2）安装工：必须组织专业吊装队伍，明确吊装责任人，对构件吊装等专业操作人员进行专项培训，合格后方能上岗。

3. 吊索具准备

装配式混凝土结构主体施工，以预制混凝土构件作为主要原材料之一，通过吊装设备及吊索具配合进行组装并可靠连接。预制构件吊装是装配式混凝土结构施工过程中的主要工序之一，吊装工序极大程度上依赖起重机械设备。起重机司机、信号工与安装工配合的默契及熟练程度会直接影响施工进度、质量及吊装安全。预制混凝土构件常用的吊索具如图 3-1 所示。

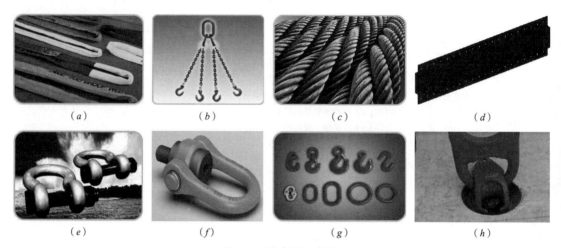

图 3-1　吊索具示意图

（*a*）吊装带；（*b*）链条锁具；（*c*）钢丝绳；（*d*）吊装梁；（*e*）连接件；（*f*）万向吊环；（*g*）鸭嘴扣；（*h*）吊钩

五、吊索具的使用要求

1. 钢丝绳

1）日常观察

（1）每个工作日都要尽可能对钢丝绳的任何可见部位进行观察，以便发现损坏与变形的情况。特别应留心钢丝绳在机械上的固定部位，发现有任何明显变化时，应予报告并由机械管理员按照相关规定进行检验。

（2）一般起重机械用钢丝绳，保证每周至少检验一次。

（3）预期钢丝绳能较长期工作的起重机械，每月至少检验一次。

（4）在所有情况下，每当发生事故之后，或钢丝绳经拆卸后重新安装投入使用前，均应进行一次检验。

2）检查部位

虽然对钢丝绳应作全长检验，但应特别留心下列部位：

（1）钢丝绳运动和固定的始末端部位。

（2）绳端中位（索具除外）。

（3）应对从固接端引出的那段钢丝绳进行检验，因为这个部位发生疲劳（断丝）和腐蚀的话是比较危险的；还应对固定装置本身的变形或磨损进行检验。

（4）对于采用压制或锻造绳箍的绳端固定装置进行类似的检验，并检验绳箍材料是否有裂纹，以及绳箍与钢丝绳间产生滑动的可能。

（5）对编织的环状插扣式绳头应只使用在接头的尾部，以防绳端凸出的钢丝伤手。而接头的其余部位应随时用肉眼检查其断丝情况。

（6）如果断丝明显发生在绳端装置附近或绳端装置内，可将钢丝绳截短再重新装到绳端固定装置上使用，并使钢丝绳的长度必须满足在卷筒上缠绕的最少圈数的要求。

3）报废标准

（1）绳端断丝

当绳端或其附近出现断丝时，即使数量很少也表明该部位应力很高，可能是由于绳端安装不正确造成的，应查明损坏原因。如果绳长允许，应将断丝的部位切去，重新合理安装。

（2）断丝的局部聚集

如果断丝紧靠在一起形成局部聚集，则钢丝绳应报废。如这种断丝聚集在小于 $6d$ 的绳长范围内，或者集中在任一支绳股里，那么，即使断丝数比表列的数值少，钢丝绳也应予报废。

（3）断丝的增加率

在某些使用场合，疲劳是引起钢丝绳损坏的主要原因，断丝则是在使用一个时期以后才开始出现，但断丝数逐渐增加，其时间间隔越来越短。在此情况下，为了判定断丝的增加率，应仔细检验并记录断丝增加情况。判明这个"规律"可用来确定钢丝绳未来报废的日期。

（4）绳股断裂

如果出现整根绳股断裂，则钢丝绳应予报废。

（5）由于绳芯损坏而引起的绳径减小

当钢丝绳的纤维芯损坏或钢芯（或多层结构中的内部绳股）断裂而造成绳径显著减小时，钢丝绳应予报废。微小的损坏，特别是当所有绳股中应力处于良好平衡时，用通常的检验方法可能是不明显的。然而这种情况会引起钢丝绳的强度大大降低。所以，有任何内部细微损坏的迹象时，均应对钢丝绳内部进行检验，予以查明。一经证实损坏，则该钢丝绳就应报废。

（6）外部及内部腐蚀

腐蚀在海洋或工业污染的大气中特别容易发生。它不仅减少了钢丝绳的金属面积，从而降低了破断强度，而且还将引起表面粗糙，并从中开始发展裂纹以致加速疲劳。严重的腐蚀还会引起钢丝绳弹性的降低。

2. 吊钩

1）吊钩的安全检验与安全检查

（1）吊钩的安全检验：吊钩每年至少应进行一次全面检验，对于频繁使用的吊钩，每季度至少进行一次检验。检验前应用煤油洗净钩体，用 20 倍放大镜检查危险断面，不得有裂纹、塑性变形、铆钉松动等现象。检验合格的吊钩，其加工面应涂以防锈油，非加工面应涂以防锈漆，并应在低应力区作出不易磨掉的标记。

（2）吊钩的安全检查：应根据工作繁重、环境恶劣的程度确定检查周期，但不得少于每月一次。主要检查吊钩有无裂纹、变形，吊钩螺母和防松装置有无松动，检查衬套、心轴、小孔、耳孔以及其紧固件的磨损情况。吊钩装配部分每季度至少要检修一次，并清洁、润滑。

2）吊钩的报废标准

（1）裂纹：重点是吊钩下部的危险断面和钩尾螺纹部分退刀槽断面，如有裂纹应予报废。

（2）由于钢丝绳的摩擦常常产生沟槽，按照规定，危险断面磨损达到原尺寸的 10% 应予报废。不超过标准时，可以继续使用或降低载荷使用，不允许用焊条补焊后再使用。

（3）开口度比原尺寸增加 15%；重点是自制的钢筋弯曲的吊钩，容易造成超负荷而引起开口度增加。

（4）扭转变形超过 10°。

（5）危险断面或吊钩颈部产生塑性变形。

（6）板钩衬套磨损达到原尺寸的 50% 时，应报废衬套。

（7）板钩心轴磨损达到原尺寸的 5% 时，应报废心轴。

（8）吊钩的螺纹部分被腐蚀。

3. 吊环

（1）根据需要选择合适的旋转吊环，旋转吊环上刻有额定荷载，使用中勿超过额定荷载。

（2）在工件上攻螺孔，以使吊环螺栓垂直安装于工件表面。螺纹孔应钻沉，以免吊环扭转时顶纹被胀大。

（3）工件表面必须平整，以使吊环垫圈与工件表面全接触，中间不得有间隙。

（4）勿在吊环垫圈和工件表面之间加装垫物。

（5）安装完毕后，吊环 U 形栓的侧面不可碰触到被吊装物或其他物体。

（6）起吊时，匀速施加载荷，逐渐加力，勿施加冲击及振动荷载。

（7）旋转吊环使用时，吊环螺栓可能会逐渐松动，必须重新规定扭矩再次调紧；故应定期检查并调紧螺栓至机械推荐扭矩。

（8）侧拉旋转吊环必须使用专用螺栓与螺母。

（9）旋转吊环不适合满载时高速旋转。

4. 吊装带

1）使用要求

（1）不能将物品压在吊装带上，否则会造成吊带损坏。不应试图将吊装带从下面抽出，否则会造成危险，而应用物体垫起，留出足够的空间将吊装带顺利拿出。

（2）吊装带使用时，将吊装带直接挂入吊钩受力中心位置，不能挂在吊钩钩尖部位。

（3）吊装带使用时，不允许采用拴结方法进行环绕。

（4）吊装带使用时，不允许交叉、扭转、打结，应采用正确的吊装带专用连接件连接，如吊钩、吊环。

（5）吊装带使用时，如遇到物体有尖角、棱边的货物时，必须采用护套、护角等措施保护。

2）报废标准

（1）吊装带（含保护套）严重磨损、穿孔、切口、撕断。

（2）承载接缝绽开，缝线磨断。

（3）吊装带纤维软化、老化、弹性变小、强度减弱。

（4）纤维表面粗糙，易于剥落。

（5）吊装带出现死结。

（6）吊装带表面有过多点状疏松、腐蚀、酸碱烧损以及热熔化或烧焦。

（7）带有红色警戒线吊装带的警戒线裸露。

5. 卸扣

1）使用要求

（1）卸扣要正确地支撑着荷载，即作用力要分布于卸扣的中心轴线上，避免弯曲、不稳定的荷载，更不可过载。

（2）销轴在承吊孔中应转动灵活，不允许有卡阻现象。

（3）卸扣本体不得承受横向弯矩作用，即作用承载力应在本体平面内。

2）报废标准

（1）表面有裂纹。

（2）本体扭曲达到10%。

（3）表面磨损达到10%。

（4）横销不能闭锁。

（5）横销变形达到原尺寸的5%。

（6）螺栓坏死或滑牙。

6. 万向吊环

（1）根据需要选择合适的万向吊环，不得超过额定荷载。

（2）万向吊环必须使用匹配的螺栓和螺母。

（3）构件表面必须平整，拧紧后吊具与工件表面全接触。

（4）起吊时，不得高速施加荷载，应逐渐加力，不得施加冲击荷载及振动荷载。

7. 吊装梁

（1）吊装梁吊装水平构件时，钢丝绳与构件之间夹角不应小于60°，以防钢丝绳对吊索具斜拉造成吊索具与构件不牢固而发生脱离情况和引起构件开裂损坏。

（2）吊装梁吊装竖向构件时，钢丝绳与构件吊点应垂直。

（3）吊装梁的结构形式、板厚度、焊缝高度等需由专业工程师设计确定，由专业焊工进行加工制作。

（4）起吊点位置和数量参考构件设计图纸确定。

六、吊装工具在不同构件中的使用要求

1. 预制竖向构件卸车吊运

（1）本工程预制墙体顶部设置有两个吊装点，因此按照设计要求，预制墙体的出厂、运输、卸车、吊装均应采用垂直吊运。

（2）卸车前在汽车周围3m范围内拉警戒线，禁止无关人员入内。

吊运步骤如下：

（1）吊梁和主钢丝绳安装完成后，将鸭嘴扣扣在墙板顶部吊钉上，塔式起重机与钢梁之间采用两根 $\phi 28.5 \times 6m$ 钢丝绳，吊梁与构件之间采用两根 $\phi 21.5 \times 3m$ 钢丝绳。

（2）试吊：用塔式起重机缓缓将预制墙体吊起，试吊200~300mm，静止3~5s，检查钢丝绳及万向旋转吊环受力情况。检查吊挂是否牢固，板面有无污染破损，预埋吊钉附近混凝土有无开裂，若有问题必须立即处理。确认无误后，继续提升使之慢慢靠近材料堆场。

（3）在距构件堆场作业层上方60cm左右静止3~5s，施工人员可以手扶墙板，控制墙板下落方向，使墙板放置于插放架内。安放就位后，利用人字梯辅助拆卸吊钩及安全副绳。

2. 预制水平构件卸车吊运

（1）在构件堆场放好木垫块。

（2）将钢丝绳上的吊钩钩在叠合板对称的四个角的吊点或以板中轴线为对称的八个吊点上。

（3）试吊：用塔式起重机缓缓将预制墙体吊起，试吊200~300mm，静止3~5s，检

查钢丝绳及吊钩受力情况。检查吊挂是否牢固，板面有无污染破损，吊点有无变形，若有问题必须立即处理。确认无误后，继续提升使之慢慢靠近材料堆场。

（4）在距构件堆场作业层上方 60cm 左右静止 3～5s，施工人员可以手扶叠合板，控制墙板下落方向，使叠合板放置于垫木上。

（5）卸下吊钩，在叠合板上边缘位置垫土，保证上下垫桩一条垂直线上。

（6）继续吊装下一块叠合板，吊完 6 块后，另起一堆继续吊运。

3. 预制楼梯装卸车

（1）预制楼梯板采用球头吊钉吊具，利用楼梯板上预埋的四个吊钉进行吊装，确认连接牢固后缓慢起吊。

（2）起吊时要先试吊，吊起至距地面 500mm 的位置停止，检查钢丝绳、吊钩、吊具的受力情况，若无异常情况，则吊至作业层上空，如图 3-2 所示。

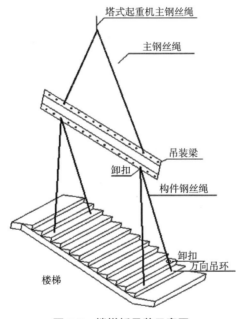

图 3-2　楼梯板吊装示意图

七、预制构件吊装通用工艺要求

1. 吊装注意事项

（1）预制构件吊装前应根据其形状、尺寸及重量要求选择适宜的吊具，保证吊钩位置、吊具及构件重心在竖直方向重合，且各起吊点应受力均匀。在吊装过程中，钢丝绳水平夹角不宜小于 60°，不应小于 45°。

（2）预制构件进场存放后根据施工流水计划在构件上标出吊装顺序号，并应与图纸上的序号一致。构件安装前应按吊装流程核对构件编号。

（3）预制构件吊装之前必须将其定位控制线以及相应支撑结构上的标志线、标高线等标示完成，这样做既可节省吊装校正时间，也有利于预制墙板安装质量控制。

（4）预制构件吊装之前，按设计要求校核所有措施性埋件、构件连接埋件及连接钢筋等，采取施工保护措施，并作出标志，不得出现破损或污染，将连接面清理干净。

（5）预制构件吊装应采用慢起、稳升、缓放的操作方式，系好缆风绳控制构件转动，保证构件就位平稳；通过"初步校正—精细调整"的流程，保证构件就位精确。

（6）预制构件吊装就位并校准定位后，应及时设置临时支撑或采取临时固定措施。各住宅楼构件吊装按照内墙、外墙、顶板叠合板的顺序依次进行。

2. 吊装工艺流程

1）竖向构件吊装工艺流程及要点（图3-3）

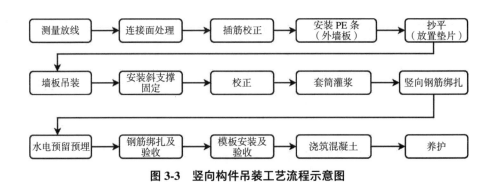

图3-3　竖向构件吊装工艺流程示意图

（1）测量放线

吊装前通过主控线将墙板边线和相应垫块标高测量并标示好，在预制墙板内侧距离边缘300mm的位置放出控制线，以保证就位位置的精度。

（2）插筋校正

预制外墙板竖向连接采用水泥灌浆连接套筒形式，应重视转换现浇层墙板钢筋布置，检查现浇层内预埋钢筋的位置、尺寸是否正确，保证上层预制墙板预埋套筒与现浇层钢筋顺利对位，根据墙底部套筒位置、尺寸制作专用定位卡具。定位卡具由钢板及扶手组成，根据预制墙体连接钢筋位置开孔，孔径为钢筋直径+2mm。

在下层墙体施工时墙体内预留钢筋，浇筑墙体混凝土前用定位卡具对钢筋进行定位。浇筑顶板混凝土时再将专用模具套在预留钢筋上以对超差进行修正，保证预留钢筋相对位置准确；专用模具按照墙体控制线进行定位，以保证墙板预留钢筋的绝对位置。标准层顶板施工时，将定位卡具套在预制墙顶预留钢筋上，以对超差进行修正，保证钢筋位置准确。

浇筑完顶板混凝土以后，在弹出墙体及钢筋套筒定位线的基础上调整钢筋位置，利用专用模具、线坠确定好每根预留钢筋的准确位置，用专用工具校正好钢筋位置。

（3）安装PE条

PE条安装应连续进行，接头的位置应固定牢固。

（4）垫片找平

根据预先弹设在竖向插筋上的标高控制线调整好钢垫片的高度。每块预制墙板下部在四个角的位置各放置一处钢垫片调整标高。标高调整到位后，用胶带将垫片缠好，重新复核标高，确保其位置及高度准确。

（5）预制墙板吊装

用塔式起重机缓缓将外墙板吊起，待板的底边升至距地面50cm时暂停，再次检查吊挂是否牢固，板面有无污染破损，若有问题必须立即处理。确认无误后，继续提升，使之慢慢靠近安装作业面。已起吊的构件不得长久停止在空中。严禁超载和吊装重量不明的重型构件和设备，起吊要求缓慢匀速，保证预制墙板边缘不被损坏，如图3-4所示。

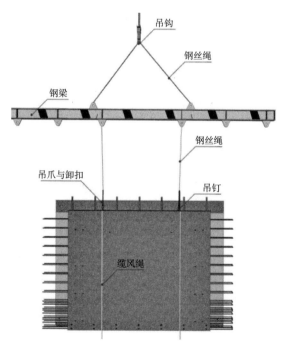

图3-4 外墙板吊装示意图

（6）预制墙板的定位

①预制墙板吊装时，要求塔式起重机缓慢起吊，吊至作业层上方时，安装工人拉住预

先挂好的缆风绳控制墙板下降位置，直到距地 1m 时，安装工人从两端抓住墙板，缓缓下降墙板。

②墙板缓慢下降，待到距预埋钢筋顶部 2cm 处，墙两侧挂线坠对准地面上的控制线，套筒位置与地面预埋钢筋位置对准后，将墙板缓缓下降，使之平稳就位。

③安装时由专人负责外墙板下口定位、对线，并用靠尺板找直，借助小镜子进行对位。安装第一层外墙板时，严格控制质量，使之成为以上各层的基准，如图 3-5 所示。

图 3-5　外墙板吊装定位示意图

（7）预制墙板斜支撑安装

①准备工作

预先在叠合板内预留斜支撑连接预埋件，避免埋置在现浇层中由于强度不够而造成楼板混凝土破坏；吊装墙板前预先将斜支撑固定在楼板上，吊装完墙板后可直接安装，节省吊装时间。

②安装斜支撑

斜支撑和定位件安装及拆除要求：斜支撑墙板上端固定高度为 2m，下端连接的铆环距墙板的水平距离为 1.5m，安装角度在 45°～60° 之间，斜支撑拆除时间为楼板混凝土浇筑完成后，且现浇混凝土强度达到 1.2MPa 以上。定位件与墙板、楼板通过预埋套筒螺栓连接。

采用可调节斜支撑螺杆将墙板进行固定。先将支撑托板安装在预制墙板上，吊装完成后将斜支撑螺杆拉结在墙板和楼面的预埋铁件上，长螺杆的可调节长度为 ±100mm，短螺杆的可调节长度为 ±100mm。

用斜支撑将外墙板固定（安装时斜支撑的水平投影应与外墙板垂直且不能影响其他墙板的安装），每块墙板安装两道斜支撑，每道上下两根，将外墙板与楼面连成一体。

（8）调节和校正

①平行和垂直于墙板方向水平位置校正措施：通过在楼板面上弹出墙板控制线进行墙板位置校正，墙板按照位置线就位后，若水平位置有偏差需要调节时，则可利用撬棍进行微调。

②墙板垂直度校正措施：待墙板水平就位调节完毕后，利用拉环斜支撑调节。在墙板光滑面放上靠尺，然后同时同旋转方向调节斜支撑，直至尺度达到设计要求，墙侧面放靠

尺检查墙板水平度，通过加减垫块直至水平度达到设计要求即可。

③旋转斜支撑：根据垂直度靠尺调整墙板垂直度，调整时应将固定在该墙板上的所有斜支撑同时旋转，严禁一根往外旋转一根往内旋转。如遇墙板还需要调整但支撑旋转不动时，严禁用蛮力旋转。旋转时应时刻观察撑杆的丝杆外漏长度（丝杆长度为500mm，旋出长度不超过300mm），以防丝杆与旋转杆脱离。

（9）外墙板检验和验收

①检验仪器：靠尺、塔尺、水准仪。

②检验操作：吊装墙板吊装取钩前，利用水准仪进行水平检验，如果发现墙板底部不够水平，再用靠尺进行复核，仍然有垂直度偏差的，通过塔式起重机提升加减垫块直至调平为止，偏差在±1mm以内即可。落位后再进行复核，落位垂直度在±3mm以内即可验收合格。

2）水平构件吊装工艺流程及要点（图3-6）

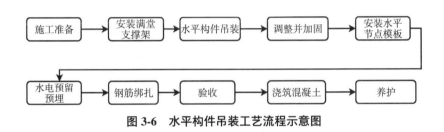

图3-6　水平构件吊装工艺流程示意图

（1）吊装前准备

根据施工图纸，核对构件尺寸、质量、数量等情况，查看所有进场构件编号，构件上的预留管线以及预留洞口有无偏差，并做好详细记录。确定安装位置，并对叠合板吊装顺序进行编号。

（2）测量放线

①弹支撑架体位置线

按照施工方案放出支撑架体位置线，在下一层楼板面位置弹出叠合板位置线。

②放墙身标高线及叠合板起止线

抄平放线，在剪力墙面上弹出+1m线、墙顶弹出板安放位置线，并作出明显标志，以控制叠合板安装标高和平面位置。

③弹线切割

叠合板区域墙体现浇混凝土浇筑时要求墙混凝土超出叠合板标高10～20mm，根据叠合板位置及标高控制线，采用无缝切割机切割平齐，保证叠合板放置部位平顺。

（3）安装满堂支撑体系

叠合板支撑架体采用轮扣式支撑架，现浇部位采用板底支模，体系统一，便于现场施工。

（4）叠合板吊装

①吊装准备

叠合板起吊时，要尽可能减小叠合板因自重产生的弯矩，采用钢扁担吊装架进行吊装，吊点均匀受力，保证构件平稳吊装。

叠合板构件吊点对称设置，一般叠合板长度小于4m的设置双排4个吊点，长度大于4m小于5m的设置双排6个吊点，长度大于5m的设置双排8个吊点，如图3-7所示。

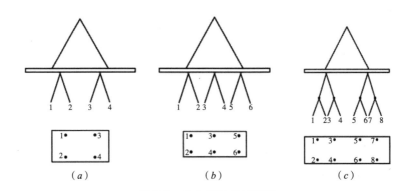

图 3-7　叠合板吊点示意图

（a）四点起吊示意图；（b）六点起吊示意图；（c）八点起吊示意图

叠合板起吊时，要求每个吊点均匀受力，起吊缓慢，保证叠合板的平稳吊装，如图3-8所示。

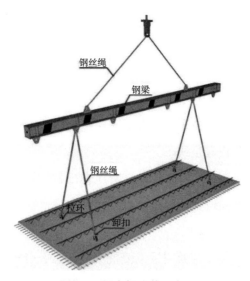

图 3-8　叠合板吊装示意图

②试吊

起吊时要先试吊，先吊起距地 50cm 停止，检查钢丝绳、吊钩的受力情况，使叠合板保持水平，然后吊至作业层上空。

（5）就位

①根据图纸所示构件位置以及箭头方向就位，就位的同时观察楼板预留孔洞与水电图纸的相对位置，以防止构件厂将箭头编错。

②就位时叠合板要从上垂直向下安装，在作业层上空 20cm 处略作停顿，施工人员手扶楼板调整方向，将板的边线与墙上的安放位置线对准，注意避免叠合板上的预留钢筋与墙体钢筋打架，放下时要停稳慢放，严禁快速猛放，以避免冲击力过大造成板面振裂。5 级风以上时应停止吊装。

③构件安装时短边深入预制墙上 10mm，构件长边与梁或板与板拼缝按设计图纸要求安装。

（6）叠合板校正

①复核构件的水平位置、标高、垂直度，使误差控制在本方案允许范围内。

②检查下面支撑及板的拼缝，使所有支撑杆件受力基本一致，板底拼缝高低差小于 3mm，确认后取钩。

3）空调板安装工艺流程及要点（图 3-9）

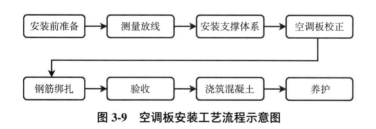

图 3-9 空调板安装工艺流程示意图

（1）安装前准备

熟悉设计图纸，检查核对构件编号，并标注吊装顺序。根据施工图纸区分全预制空调板的型号，确定安装位置。

（2）测量放线

根据施工图纸将空调板的水平位置线及标高弹出，并对控制线及标高进行复核。

（3）空调板支撑体系搭设

预制空调板支撑架采用轮扣架搭设，同时根据全预制空调板的标高位置线将支撑体系的顶托调至合适位置处。为保证全预制空调板支撑体系的整体稳定性，需要将全预制空调板支撑体系与室内满堂支撑架体、外墙板等连成一体。

（4）全预制空调板吊装就位

①全预制空调板采用预制板上预埋的两个或四个吊环进行吊装，确认卸扣连接牢固后缓慢起吊。

②待全预制空调板吊装至作业面上 500mm 处略作停顿，根据全预制空调板安装位置控制线进行安装。就位时要求缓慢放置，严禁快速猛放，以免造成全预制空调板损坏。

③全预制空调板按照弹好的控制线对准安放后，利用撬棍进行微调，就位后采用 U 形顶托进行标高调整。

④全预制空调板吊装就位后根据标高及水平位置线进行校正。如果发现板底部不够水平，可通过调节可调顶托，直到偏差在 ±3mm 以内即可验收。落位后再进行复核，落位水平度在 ±5mm 以内即可验收。

4）预制楼梯板安装工艺流程及要点（图 3-10）

安装前准备 → 测量放线 → 找平 → 楼梯段吊装 → 楼梯段校正 → 灌浆连接

图 3-10　楼梯板安装工艺流程示意图

（1）安装前准备

根据施工图纸，核对构件尺寸、质量、数量等情况，查看所有进场构件编号，并做好详细记录。确定安装位置，并对吊装顺序进行编号。

楼梯平台梁浇筑混凝土前需预留销键钢筋，并保证其位置准确。

（2）测量放线

根据施工图纸，弹出楼梯安装控制线，对控制线及标高进行复核。楼梯侧面距结构墙体预留 30mm 空隙，为后续初装的抹灰层预留空间；梯井之间根据楼梯栏杆安装要求预留 40mm 空隙，如图 3-11 所示。

图 3-11　楼梯平台控制线示意图

（3）楼梯找平层施工

在梯段上下口梯梁处铺2cm厚M15水泥砂浆找平层，找平层标高要控制准确。M15水泥砂浆采用成品干拌砂浆。如图3-12所示。

图 3-12　水泥砂浆找平层示意图

（4）预制楼梯吊装

①预制楼梯板采用水平吊装，用卸扣、吊爪与楼梯板预埋吊装件连接，起吊前检查卸扣卡环、吊爪是否装牢，确认牢固后方可继续缓慢起吊，如图3-13所示。

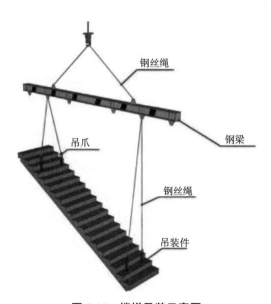

图 3-13　楼梯吊装示意图

②待楼梯板吊装至作业面上500mm处略作停顿，根据楼梯板方向调整，就位时要求缓慢操作，严禁快速猛放，以免造成楼梯板损坏。

③基本就位后再用撬棍微调楼梯板，直到位置正确，搁置平实。安装楼梯板时，应特别注意标高正确，校正后再脱钩。

（5）灌浆连接

按照图纸要求，对固定端的销键螺栓预留孔洞进行灌浆，灌浆料为 C40 级 CGM 灌浆料。

八、成品保护

1. 构件运输及存放保护

（1）构件运输过程中一定要匀速行驶，严禁超速、拐弯和急刹车。车上设有"人"字型运输架，且需有可靠的稳定固定措施，用钢丝带加紧固器绑牢，以防运输受损。

（2）设置柔性垫片，避免预制构件边角部位或链索接触处的混凝土损伤。

（3）用塑料薄膜包裹垫块，避免预制构件外观被污染。

（4）墙板门窗框、装饰表面和棱角采用塑料贴膜或其他措施防护。

（5）竖向薄壁构件设置临时防护支架。

2. 构件存放、吊装注意要点

（1）预制构件按流水段要求规格、数量运至现场后，拖板车在指定地点停放，直接由拖板车上吊至工作面进行安装施工。

（2）竖向放置的预制墙板垫块应设置在纵肋处，垫块不得垫放在外叶板位置。

（3）与饰面接触的垫块或支点应采取防污染措施。

（4）墙板门窗框、装饰表面和棱角采用塑料贴膜等措施防护。

（5）预制构件拖板车严格按照总平面布置要求停放在塔式起重机有效吊重覆盖范围半径内。

（6）预制墙板插放于墙板专用插放架上，插放架设计为两侧插放，插放架应满足强度、刚度和稳定性要求，且必须设置防磕碰、防下沉的保护措施，保证构件堆放有序，存放合理，确保构件起吊方便、占地面积最小。堆放时要求两侧交错堆放，保证插放架的整体稳定性。插放架与瓷板接触的部位采用橡塑保温材料包裹保护。插放架根据构件厂提供的尺寸和要求进行设置加工，或采用租赁构件厂的成型插放架。

（7）外墙瓷板饰面应有静电吸附的保护膜，防止安装、浇筑混凝土过程中对其造成污染。安装前对工人进行详尽的作业交底，在外饰面用工器具作业时避免大幅度挥动工器具，避免工器具、构件类与外饰面接触，做到轻拿轻放，减少接触瓷板饰面。

九、安全生产、绿色文明施工

绿色文明施工现场管理是指在项目管理中用标准规范和管理施工人员的行为，用有效措施制约不安全因素，创造一个安全有序、整洁文明的施工现场。

1. 文明管理

（1）根据作业要求进行现场平整，疏通交通道路，做好水、电力、电信及能源安排。

（2）现场布局规划周密，管理方便，合理压缩临时设施、构筑物。在作业中严格管理各分包的临设、临时用水和用电。

（3）按场布要求设置材料、成品、半成品、预制构件、机械的位置，避免不必要的场内运输，减少二次搬运，提高劳动生产率。

（4）复核安全生产、消防、卫生及防范等有关规定。

（5）管理好场容场貌，为文明施工打好基础，在施工现场做好系统标志管理。

2. 场容管理

（1）场容管理总要求：施工现场的设施、预制构件、机械、材料等必须按施工总平面图规定位置设置、堆放，符合定制管理要求。

（2）努力实现"三优二好一无"工程：样板先行、规范操作、监控返修及工序验收的工程质量优；严格验收、定制堆放、限额领料及物尽其用的物料管理优；合理布置、路沟通畅、生活卫生及整洁高效的场容场貌优；合理配置、按章适用、及时保养及进出有序的设备管理好；核算到位、台账清晰、降本有方及信守合同的项目效益好；进场教育、防范周密、定期巡视，无重大和社会管理事故。

（3）做好现场的预制构件、材料储备、堆放及中转管理，按平面图布置设置机械设备及加强对现场仓库、工具间的搭设、保安和防火管理。

（4）施工现场开展落手清管理，由项目副经理负责"落手清"的推行、检查及考核。

十、应急预案

1. 人员要求

成立应急预案小组，应急预案工作流程如图 3-14 所示。

2. 危险源识别及控制措施

1）预制构件吊装时可能会导致的危险

（1）高处坠落：包括从架子、临边洞口、卸料平台、屋顶坠落以及从平地坠落地坑等。

（2）触电：包括施工用电，雷击伤害。

（3）起重伤害：指起重大型设备或操作过程的伤害。

（4）物体打击：指由失控物体的惯性力造成的人身伤亡事故。

2）控制措施

（1）吊装作业施工前，需向安全部提交书面危险作业申请，待安全部签字同意后，方

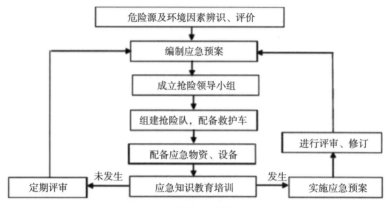

图 3-14　应急预案工作流程示意图

可进行吊装施工；吊装施工时，安全员需旁站。

（2）吊装前用警示带设置隔离区域。

（3）检查钢丝绳连接部位和索具。

（4）试吊 200～300mm，静止 3～5s，检查钢丝绳及吊钩受力情况。

（5）吊装时系好牵引绳控制转动。

（6）吊起的构件不得长时间悬挂在空中。

（7）大雨、雾、大雪、五级及以上大风等恶劣天气禁止作业。

（8）吊装至作业面上方 600mm 处静止 3～5s，在保证安全的前提下手扶构件控制方向。

（9）构件临时固定后方可脱钩。

（10）水平吊起，严禁拖行及发生碰撞。

（11）吊装无窗口墙板，使用顶部两个支撑孔配吊环用钢丝绳与吊梁连接用作保险绳。

（12）吊装窗口墙板，以保险绳固定窗口上沿与吊梁连接。

（13）预制墙板吊装时，施工人员应站在预制墙板的两侧，禁止站在预制墙板可倾覆的一侧。

（14）严格按照吊装路线进行施工，吊装路线布置原则为避开主楼范围，吊装路线下方禁止人员逗留或人员施工。

第十节　装配式建筑灌浆工基本工作

一、灌浆套筒连接技术在国内外的发展历史

灌浆套筒连接技术发源于美国，该技术和产品是美籍华裔余占疏博士（Dr. Alfred

A.Yee）的发明专利，是在套筒的两端都插入钢筋后注入高强度砂浆进行锚固连接（行业内称为"全灌浆套筒"），既可以用于预制构件之间的钢筋连接，也可以用于现浇湿作业的钢筋连接。1968 年，美国结构工程师余占疏博士在美国檀香山 38 层旅馆建筑工程连接框架中的预制混凝土柱中首先采用套筒灌浆连接，此后美国、日本等国家开始逐渐推广使用。该专利 1990 年代被日本公司收购，日本 NMB Splice Sleeve System 的技术体系取自美国专利技术，在此基础上进一步发展，在日本各类装配式混凝土结构建筑中普遍应用。日本公司凭借专利，在这一技术领域垄断销售很多年，尽管该专利已经过了有效期，但日本 NMB 公司仍然占据全球 70% 左右的销量。该产品的缺点是体积过大，价格较贵。图 3-15、图 3-16 所示为 NMB 公司产品。

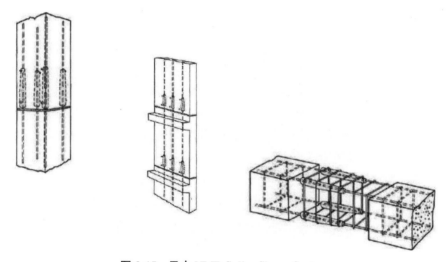

图 3-15　日本 NMB Splice Sleeve System

图 3-16　NMB 公司的全灌浆套筒（日本制造）

美国 Erico 公司和 DAYTON 公司在余占疏博士技术基础上进行了改进，开发了一端为机械连接、另一端插入钢筋灌浆连接的套筒形式（行业内称为"半灌浆套筒"），一直沿用至今，其优点是缩短了套筒长度，因而价格可以更加便宜，图 3-17、图 3-18 所示分别为两家公司的产品。

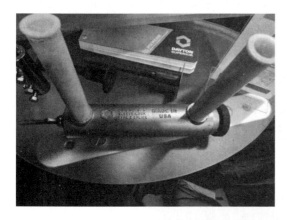

图 3-17　美国 Erico 公司、DAYTON 公司产品及应用情况

图 3-18　余占疏博士最新发明的搭接钢筋套筒

钢筋灌浆套筒自发明以来，在国外一直是采用球墨铸铁工艺，主要是由于球墨铸铁具有强度高、延性好的特点，而且生产效率高，与机械加工相比，能够节省制造的成本。余占疏博士已经92岁高龄，是新加坡建屋发展局的技术总顾问，他在套筒领域的专利已经出售给日本企业，并且退掉了所有的股份，但他仍在坚持发明创造，他后续发明的开放式灌浆套筒为美国预制公路的发展作出了重要贡献。

随着我国推进节能减排政策的落实和建筑业劳动力短缺问题日益突出，现有的全现浇混凝土施工管理模式受到非常大的挑战，预制混凝土技术不但满足工厂化生产产品质量好、施工速度快的要求，还具有节约土地、材料和能源的节能环保意义。发达国家的建筑业发展成功经验表明，预制混凝土技术具有非常好的技术经济性和社会效益。

混凝土结构体系作为应用规模最大的建筑结构类型，是建筑业产业化发展的重要组成部分，而装配式混凝土结构将成为建筑产业化发展的主要方向，北京市作为我国装配式混凝土结构的发源地和领导者，具有非常悠久的设计、生产和施工的历史。20世纪70、80年代的装配式混凝土大板建筑曾为我国建筑业的发展作出了很大的贡献，但也出现了一些由于当时的预制混凝土构件的装配水平和质量标准较低带来的质量问题。预制混凝土构件的连接，特别是钢筋的连接，是装配式混凝土结构的关键技术。预制混凝土构件的装配有多种方式，但主要是以在预制混凝土构件纵向受力钢筋的连接为核心，完成预制构件的装配。钢筋搭接满足不了预制构件装配的需要，钢筋通常搭接长度为$35d$，构件之间预留间隙过大，现浇部分大大增加，预制混凝土构件工厂化生产失去意义。而焊接工艺也要求构件之间留有较大的人工操作间隙，且焊接时间长，构件的支护非常困难。钢筋机械接头连接提供了很好的解决办法，目前机械接头在现浇混凝土中以直螺纹接头、冷挤压接头、锥螺纹接头为主，其中螺纹连接有着连接速度快和强度高的特点，但它们都普遍需要一定的操作空间且对被连钢筋的相对位置要求极高，使得可操作性大大下降，同时钢筋连接的施工较为复杂，必须在浇筑混凝土前完成钢筋的连接，不适用于预制混凝土结构的装配式施工。针对这一特殊情况，钢筋套筒灌浆连接，其抗震性能可靠、施工简便、可以缩短工期，适用于大小不同直径的带肋钢筋的连接，更重要的一点是它真正做到了构件之间的无缝对接，解决了预制混凝土装配式构件连接的难题。鉴于灌浆接头成本高于目前广泛使用的直螺纹接头，因此，灌浆接头更多地应用在预制混凝土构件的装配式结构中。

近年来，国内也开始研究混凝土结构体系，并得到初步应用，但技术还不完善，应用范围有限，主要在房屋建筑方面应用，且产业化程度低，有待发展空间大。随着城市化建设的逐步推进，城市高架、轻轨的施工任务也逐步成为我国大中型城市基础设施建设的主要内容之一，在这些基础设施建设中，预制拼装可能成为最主要的施工方法，钢筋连接用灌浆套筒的应用成为混凝土预制拼装工法中最关键的技术之一。

国内科研院所多年来一直致力于钢筋连接技术的研究，依据现行行业标准《钢筋机械连接技术规程》JGJ 107 及借鉴国外先进技术，针对桥梁预制拼装技术，对灌浆式钢筋连接技术进行了深入研究，研发了钢筋连接用灌浆套筒体系的成套技术，包括全灌浆钢筋连接套筒与半灌浆钢筋连接套筒产品及其应用技术，产品的成功研制将促进我国混凝土预制拼装技术的发展与应用。

二、我国制定的有关钢筋套筒灌浆连接的标准

（1）《钢筋机械连接技术规程》JGJ 107。

（2）《钢筋套筒灌浆连接应用技术规程》JGJ 355。

（3）《钢筋连接用灌浆套筒》JG/T 398。

（4）《钢筋连接用套筒灌浆料》JG/T 408。

（5）《钢筋混凝土用钢　第 2 部分：热轧带肋钢筋》GB/T 1499.2。

（6）《钢筋混凝土用余热处理钢筋》GB 13014。

（7）《装配式混凝土结构技术规程》JGJ 1。

（8）《混凝土结构工程施工质量验收规范》GB 50204。

（9）《钢筋套筒灌浆连接技术规程》DB11/T 1470。

三、灌浆工基本工作

1. 灌浆工须掌握的灌浆施工理论知识（表 3-22）

灌浆工须掌握的灌浆施工理论知识　　　　表 3-22

项次	分类	主要工作职责
1	识图基本知识	（1）施工图中的配筋说明； （2）施工图的种类及看图步骤； （3）看懂一般的施工图； （4）画简单的灌浆施工示意图
	钢筋连接基本知识	（1）钢筋接头的力学性能； （2）钢筋接头形式、分类及结构原理
2	灌浆接头	（1）灌浆接头的力学性能； （2）灌浆接头形式、分类、结构原理及构造
	钢筋	（1）钢筋的性能特点、种类及作用； （2）钢筋的加工； （3）施工方法、质量要求

续表

项次	分类	主要工作职责
2	灌浆料	（1）灌浆料的性能特点、种类及作用； （2）灌浆料的配制； （3）施工方法、质量要求
	灌浆套筒	（1）灌浆套筒的性能特点、种类、作用； （2）灌浆套筒的加工； （3）施工方法、质量要求
	灌浆施工	（1）板墙灌浆特点、要求； （2）框架柱灌浆特点、要求； （3）框架梁灌浆特点、要求
	材料储存	（1）灌浆料的防潮、防晒； （2）钢筋的防锈； （3）灌浆套筒的防锈
	季节施工	（1）高温季节施工特点、措施； （2）低温季节施工特点、措施
	班组管理	（1）班组管理的内容和范围； （2）班组生产计划安排和工程进度管理； （3）班组工程质量管理； （4）材料、工机具、定额管理
3	安全防护	（1）防护设施、防护位置、防护方法； （2）设备专人操作及防护施工
	安全教育	（1）防护用品； （2）设备的检查验收
4	成品保护	（1）成品保护方法； （2）成品保护材料控制
	环保施工	（1）粉尘、噪声； （2）节水、节电、节材
5	文明施工	（1）施工人员着装整齐，禁止酒后作业； （2）挂牌施工，工完场地清
	质量第一	（1）严格执行施工规范验收标准； （2）努力学习，提高技术水平

2. 灌浆工须掌握的灌浆施工实操技能（表3-23）

灌浆工须掌握的灌浆施工实操技能 表3-23

项目	分类	主要工作职责
1	灌浆施工前准备	（1）准备内容：技术资料准备、技术交底、安全技术交底；机具、材料准备，施工现场准备，作业条件准备。 （2）构件准备：检查构件类型、编号、灌浆套筒内及孔道有无杂物。 （3）对钢筋安装位置、长度、弯折度进行检查、调整及复核。 （4）对作业面进行检验，不得有积灰和杂物

项目	分类	主要工作职责
2	现场施工	（1）构件高度调整，垫片调整及检验； （2）仓位合理划分、调整及检验； （3）仓位密闭性调整及检验； （4）现场温度测试及检验； （5）按要求配置灌浆料，水、料称重检验； （6）灌浆料搅拌及检验； （7）灌浆料高、低温施工的操作； （8）灌浆料流动度测试及检验； （9）压力灌浆与重力灌浆操作； （10）板墙灌浆操作； （11）框架柱灌浆操作； （12）框架梁灌浆操作； （13）灌浆接头试件制作及检验； （14）灌浆料试块制作及检验； （15）灌浆料同条件试块制作及测试； （16）灌浆饱满性监测与检测； （17）现场灌浆检验记录填写； （18）现场影像资料录制
3	成品保护	对成品提出保护措施
4	质量通病防治措施	灌浆施工的质量通病及防治方法
5	计算工料	按图计算工料
6	基本操作工具	灌浆工具的制作和维护
	检测工具	（1）灌浆料流动度检测仪的使用和维护； （2）台秤的使用和维护； （3）饱满性检测仪的使用和维护
	机械设备	（1）手提搅拌机常见故障排除和保养； （2）搅拌机常见故障排除和保养； （3）电动注浆机常见故障排除和保养； （4）气压注浆机常见故障排除和保养； （5）空气压缩机常见故障排除和保养； （6）其他工具的维护； （7）防止触电的常识
7	安全施工	（1）安全施工的一般规定； （2）坚持文明生产，注意作业环境保护； （3）防触电、机械伤人的安全规定； （4）登高作业的安全规定
	文明施工	（1）施工人员着装整齐，禁止酒后作业； （2）工完场地清，做好易燃材料的储存保管
8	环境保护	（1）粉尘、噪声控制； （2）水、电使用合理
9	成品保护	（1）成品的保护方法正确； （2）保护材料合理

四、灌浆施工设备及原材料介绍

1. 灌浆施工设备介绍

（1）螺杆式灌浆泵（图 3-19）。

（2）电动搅拌机（图 3-20）。

（3）电子秤。

（4）温度计。

（5）灌浆料抗压试块模组。

（6）流动度截锥模及钢化玻璃板。

（7）辅助材料 / 设备。

（8）橡胶堵、封边材料，灌浆饱满度监测器等。

图 3-19　螺杆式灌浆泵

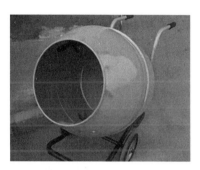

图 3-20　电动搅拌机

2. 钢筋

灌浆接头应采用 400MPa 级、500MPa 级，公称直径为 12 ~ 40mm 的热轧带肋钢筋。用于钢筋套筒灌浆连接的钢筋应符合现行国家标准《钢筋混凝土用钢　第 2 部分：热轧带肋钢筋》GB/T 1499.2 及《钢筋混凝土用余热处理钢筋》GB 13014 的规定。钢筋分为 400、500、600 三级，常用 400 级。

3. 灌浆套筒

钢筋连接用灌浆套筒：通过灌浆料的传力作用将钢筋对接连接所用的金属套筒，通常采用铸造工艺或者机械加工工艺制造，简称灌浆套筒。套筒常见分类见表 3-24。

套筒常见分类　　　　　　　　　　　　　　　　　　表 3-24

序号	分类方法	类别
1	材料	球墨铸铁套筒、铸钢套筒、钢套筒
2	加工工艺	铸造套筒、机加工套筒
3	灌浆形式	全灌浆套筒、半灌浆套筒
4	结构形式	一体型、分体型
5	连接方式	直螺纹灌浆套筒、锥螺纹灌浆套筒、锻粗直螺纹灌浆套筒
6	灌浆时间	先灌浆套筒、后灌浆套筒

灌浆套筒型号由名称代号、分类代号、主参数代号和产品更新变型代号组成。灌浆套筒主参数为被连接钢筋的强度级别和直径。灌浆套筒型号表示如图 3-21 所示。

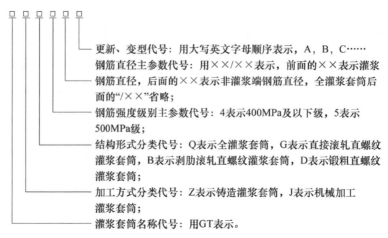

更新、变型代号：用大写英文字母顺序表示，A，B，C……

钢筋直径主参数代号：用××/××表示，前面的××表示灌浆钢筋直径，后面的××表示非灌浆端钢筋直径，全灌浆套筒后面的"/××"省略；

钢筋强度级别主参数代号：4表示400MPa及以下级，5表示500MPa级；

结构形式分类代号：Q表示全灌浆套筒，G表示直接滚轧直螺纹灌浆套筒，B表示剥肋滚轧直螺纹灌浆套筒，D表示锻粗直螺纹灌浆套筒；

加工方式分类代号：Z表示铸造灌浆套筒，J表示机械加工灌浆套筒；

灌浆套筒名称代号：用GT表示。

图 3-21　灌浆套筒型号

（1）连接标准屈服强度为400MPa，直径40mm钢筋，采用铸造形式加工的全灌浆套筒表示为：GTZQ440。

（2）连接标准屈服强度为500MPa，灌浆端连接直径36mm钢筋，非灌浆端连接直径32mm钢筋，采用机械加工方式加工的剥肋滚轧直螺纹灌浆套筒的第一次变型表示为：GTJB536/32A。

4. 钢筋灌浆套筒技术要求

（1）灌浆套筒长度应根据试验确定，且灌浆连接端钢筋锚固长度不宜小于8倍钢筋直径，灌浆套筒中间轴向定位点两侧应预留钢筋安装调整长度，预制端不应小于10mm，现场装配端不应小于20mm。

（2）剪力槽的数量应符合表3-25的规定；剪力槽两侧凸台轴向厚度不应小于2mm。

剪力槽数量　　　　　　　　　　　　　　　　　　　　　　　　表 3-25

连接钢筋直径（mm）	12 ~ 20	22 ~ 32	36 ~ 40
剪力槽数量（个）	≥ 3	≥ 4	≥ 5

（3）采用机械加工工艺生产的灌浆套筒的壁厚不应小于3mm；采用铸造生产工艺生产的灌浆套筒的壁厚不应小于4mm。

（4）半灌浆套筒螺纹端与灌浆端连接处的通孔直径设计不宜过大，螺纹小径与通孔直径差不应小于2mm，通孔的长度不应小于3mm。

5. 灌浆料

灌浆料是一种以水泥为基本材料，配以适当细骨料，以及少量混凝土外加剂和其他材料组成的干混料,加水搅拌后具有大流动度、早强、高强及微膨胀的性能。

钢筋套筒专用灌浆料产品具有超高早期强度和最终强度、耐久性能好的特点,并具有双膨胀体系,塑性膨胀提高了产品的充盈度,后期膨胀则增加了对钢筋的握裹力。它主要用于预制混凝土装配结构的大直径钢筋接头的灌浆连接,海洋工程及风力发电设备等的灌浆施工。

灌浆料性能及试验方法在符合现行行业标准《钢筋连接用套筒灌浆料》JG/T 408 的有关规定的基础上,其性能还应符合表 3-26 的规定。

对灌浆料性能的进一步要求   表 3-26

检测项目		性能指标
流动度(mm)	初始	≥ 300
	30min	≥ 260
抗压强度(MPa)	1d	≥ 35
	3d	≥ 60
	28d	≥ 85
竖向自由膨胀率(%)	24h 与 3h 差值	0.02 ~ 0.5
氯离子含量(ppm)		0.03
泌水率(%)		0

低温灌浆施工专用灌浆料及使用注意事项:一种低温条件下钢筋灌浆套筒专用高性能灌浆料,满足冬期施工要求。以特种水泥作为主要胶结材料,辅助其他胶凝材料,以优选的石英砂作为骨料,辅助高效塑化剂等物质配制而成的干性粉末,加入适量的水充分搅拌后呈流动性好、自密实性强的浆体,产品具有早期强度高、体积微膨胀、后期强度不倒缩、耐久性能好的特点,满足套筒内温度在 –5℃以上环境施工要求。

灌浆料的技术指标,见表 3-27。

灌浆料的技术指标   表 3-27

序号	检测项目		单位	性能指标
1	–5℃流动度	初始	mm	≥ 300
		30min		≥ 260
2	8℃流动度	初始	mm	≥ 300
		30min		≥ 260
3	抗压强度	–1d	MPa	≥ 35
		–3d		≥ 60

续表

序号	检测项目		单位	性能指标
3	抗压强度	−7+21d	MPa	≥ 85
4	竖向膨胀率	3h	%	0.02 ~ 2
		24h 与 3h 差值		0.02 ~ 0.40
5	28d 自干燥收缩		%	≤ 0.045
6	氯离子含量		%	≤ 0.03
7	泌水率		%	0

注：−1d 代表负温养护 1d，−3d 代表负温养护 3d，−7+21d 代表负温养护 7d 转标养 21d。

6. 灌浆接头组成及原材料

1）灌浆接头介绍

钢筋套筒灌浆接头是指用灌浆料充填在钢筋与灌浆套筒间隙经灌浆料硬化后形成的钢筋连接接头。接头通过硬化后的水泥基灌浆料与钢筋外表横肋、连接套筒内表面的凸肋、凹槽的紧密啮合，将一端钢筋所承受荷载传递到另一端钢筋，并可使接头连接强度达到或超过钢筋母材的拉伸极限强度。

2）灌浆接头分类

钢筋套筒灌浆接头分为：全灌浆接头和半灌浆接头。

（1）全灌浆接头

全灌浆接头由连接套筒、钢筋、灌浆料、灌浆管、管堵、密封环、密封端盖及密封柱塞组成，如图 3-22 所示。

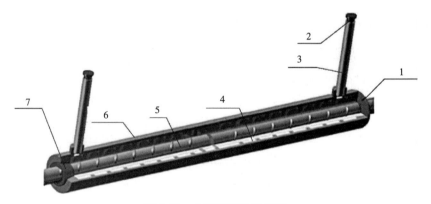

图 3-22 全灌浆接头示意图

1—密封端盖；2—管堵；3—灌浆管；4—灌浆料；5—钢筋；6—灌浆套筒；7—密封环

优点：

①钢筋无需加工，节省工序。

②连接水平钢筋方便快捷。

③套筒加工工序少。

缺点：

①接头长度长，刚度大，钢筋延性受影响大，不利于结构抗震。

②钢材和灌浆材料消耗大，浪费材料。

③灌浆质量不易保证。

（2）半灌浆接头

半灌浆接头由连接套筒、钢筋、灌浆料、灌浆管、管堵以及密封盖组成，如图3-23所示。

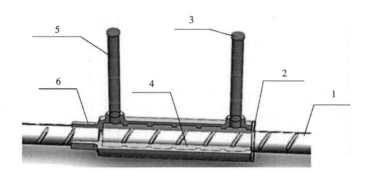

图 3-23　半灌浆接头示意图

1—钢筋；2—密封盖；3—管堵；4—灌浆料；5—灌浆管；6—带螺纹钢筋

优点：

①接头长度短，刚度小，钢筋延性受影响不大，利于结构抗震。

②钢材和灌浆材料消耗小，节省材料。

③灌浆质量易保证。

缺点：

①钢筋需加工，工序烦琐。

②连接水平钢筋需特殊处理。

③套筒加工工序多。

3）连接工艺介绍

构件预制时，钢筋插入套筒，将间隙密封好，把钢筋、套筒固定，浇筑成混凝土构件；现场连接时，将另一构件的连接钢筋插入本构件套筒，再将灌浆料从预留灌浆孔注入套筒，充满套筒与钢筋的间隙，硬化后两构件钢筋连接在一起。传统的灌浆连接接头是以灌浆连接方式连接两端钢筋的接头，灌浆套筒两端均采用灌浆方式连接钢筋的接头，称之为全灌浆接头，一般连接套筒是采用球墨铸铁材料铸造生产。随着近代钢筋机械连接技术的发展，出现了一端螺纹连接、一端灌浆连接的接头，把灌浆套筒一端采用灌浆方式连接钢筋，另一端采用其他机械方式连接钢筋的接头，称之为半灌浆接头，一般连接套筒是采用球墨铸铁材料铸造生产或钢棒料或管料机械加工制成。

一种是钢质分体式机械加工半灌浆接头，结构形式见图3-24；另一种是滚压型全灌浆接头，结构形式见图3-25。

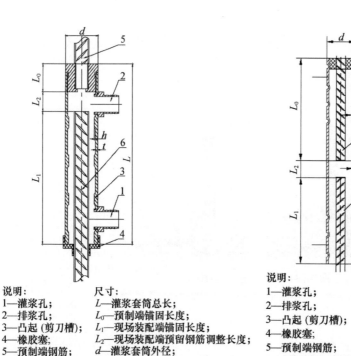

说明： 1—灌浆孔； 2—排浆孔； 3—凸起（剪刀槽）； 4—橡胶塞； 5—预制端钢筋； 6—现场装配端钢筋	尺寸： L—灌浆套筒总长； L_0—预制端锚固长度； L_1—现场装配端锚固长度； L_2—现场装配端预留钢筋调整长度； d—灌浆套筒外径； t—灌浆套筒壁厚； h—凸起高度	说明： 1—灌浆孔； 2—排浆孔； 3—凸起（剪刀槽）； 4—橡胶塞； 5—预制端钢筋； 6—现场装配端钢筋	尺寸： L—灌浆套筒总长； L_0—预制端锚固长度； L_1—现场装配端锚固长度； L_2—现场装配端预留钢筋调整长度； d—灌浆套筒外径； t—灌浆套筒壁厚； h—凸起高度
图3-24　半灌浆接头结构示意图		**图3-25　全灌浆接头结构示意图**	

五、灌浆施工

1. 预制构件注意事项

在装配式混凝土建筑主体中，钢筋连接套筒灌浆接头分两步完成，而对于全灌浆套筒灌浆接头和半灌浆套筒灌浆接头又有差异（图3-26）。

2. 灌浆施工工艺

1）装配式混凝土住宅标准层灌浆施工前置工序（图3-27）

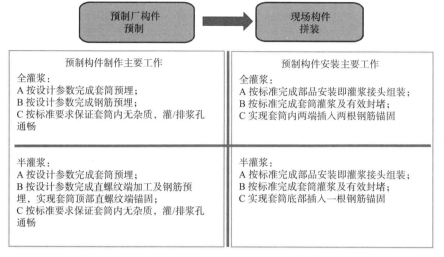

图 3-26　钢筋连接套筒灌浆（全灌浆、半灌浆）接头制作、安装主要工作

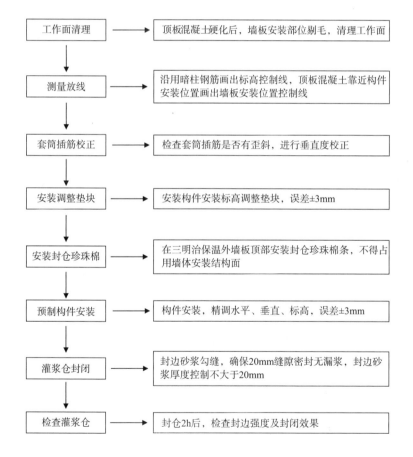

备注：

（1）对于装配式混凝土住宅转换层应在下一层现浇墙体混凝土浇筑前插竖向钢筋并用定位模板校正，确保钢筋位置准确，型号相符，外漏长度满足接头锚固长度要求。

（2）对于装配式混凝土住宅墙板底部灌浆仓缝隙四周应用封边砂浆封边。封边砂浆厚度不得超过 20mm。

图 3-27　装配式混凝土住宅标准层灌浆施工前置工序

2）灌浆施工工序（图 3-28）

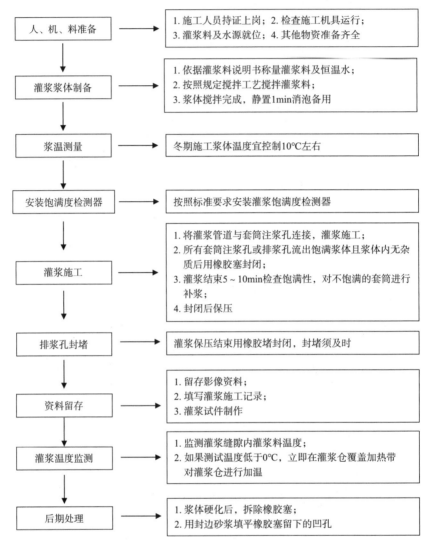

备注：灌浆仓应作分仓处理，灌浆仓长度应符合《钢筋套筒灌浆连接应用技术规程》JGJ 355 中的要求，施工中的具体长度需要根据工艺试验验证。

图 3-28 灌浆施工工序

3. 灌浆施工过程及注意事项

1）接触面剔凿，基面及钢筋清理，压封仓挡浆条及挡浆条节点

（1）用钢丝刷清理套筒插筋，确保钢筋表面无混凝土污染。

（2）接触面剔凿粗糙面并清理干净灰渣，防止灌浆过程中堵塞（图 3-29）。

（3）挡浆条搭接时应切斜口，并在搭接部位用钉子固定，保证构件安装后能够压紧搭接节点，防止灌浆过程中出现渗漏（图 3-30）。

图 3-29 墙板安装部位剔凿、清理、压条

图 3-30 PE 条搭接节点

2）预制构件安装及校正（图 3-31、图 3-32）

图 3-31 墙板安装就位

图 3-32 墙板临时固定校正

3）灌浆缝隙润湿及砂浆封仓过程和封仓效果

（1）封仓前须对灌浆缝隙充分润湿（图 3-33）。

（2）封仓材料应采用早强快硬材料，应有优异的可塑性，不应占用主体结构尺寸（图 3-34 ~图 3-36）。

4）灌浆料浆体制作及工作性检验

（1）严格控制水料比和搅拌时间，确保按材料说明书中要求比例搅拌。

（2）灌浆料搅拌结束须静置 2min，容器表面须用湿布或者塑料薄膜覆盖（图 3-37 ~图 3-39）。

图 3-33 封仓前清理安装缝隙并润湿

图 3-34 砂浆封仓

图 3-35 平直剪力墙封仓后效果

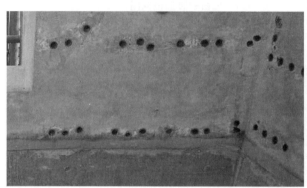

图 3-36 L 形转角剪力墙封仓后效果

图 3-37 灌浆料搅拌并静置

图 3-38 流动度测试

图 3-39 砂浆流动度测量

5）灌浆接头试验件制作及养护

（1）接头灌浆过程及养护过程宜垂直方向进行，尽量模拟剪力墙中套筒工作状态（图 3-40）。

（2）每支灌浆套筒灌浆须一次完成，连接套筒的排浆管出浆口要高于套筒排浆孔。

（3）灌浆结束后有效封堵且牢固，灌浆料丧失流动性前检查，如有脱落立即补浆。

图 3-40 灌浆接头试验件见证试验

（4）试块和接头养护至24h后方可由专人脱模并标识代表信息，避免混合养护，防止试验件与主体部位错乱（图3-41、图3-42）。

图 3-41 灌浆接头打捆养护

图 3-42 试块标识养护

6）灌浆施工及灌浆资料填报

（1）灌浆施工全过程留存视频记录。

（2）灌浆施工结束后，留存标识灌浆基础信息、旁站监理及旁站质检人员影像资料（图3-43、表3-28）。

图 3-43 拍摄全过程视频资料

灌浆施工资料填报   表 3-28

灌浆施工检查记录		构件编号	201908901709
工程名称	北京城市圈中心职工周转房（北区）项目四标段		
施工日期	2019-04-17	套筒数量	12
施工部位	9-1号楼5层 YWQ-35-4a-35（9地块）		

续表

灌浆料批号	19030101		使用灌浆料总量	75kg
环境温度	16℃		材料温度	8.7℃
水温	8.4℃		浆料温度	9.3℃
搅拌时间	10min		流动度	320mm
水料比	水	0.12kg	料	1kg

排浆口出浆情况	2	4	6	8	10	12	14	16	18	20	22	24	根据套筒数量增加
	○	√	√	√	√	√	√	√	√	√	√	√	出浆为√，不出浆为×，灌浆口为○
	1	3	5	7	9	11	13	15	17	19	21	23	
	√	√	√	√	√	√	√	√	√	√	√	√	

影像资料	
备注	

施工单位	灌浆作业人员	施工专职检验人员	监理单位	专职监理人员

7）灌浆饱满度检查

（1）灌浆完成后 5～10min 内观察监测器内浆料液面是否下降，发现监测器液面有所下降后，进行标记。再检查墙体四周是否有漏浆处，发现漏浆时，应立即进行封堵，待封堵凝固后，立刻进行补浆。5min 后对此墙板重新进行检查，如若监测器内浆料液面没有下降，则视为补浆合格。

（2）如果没有发现漏浆部位，但监测器内浆料液面仍有下降，则是发生浆料补偿，从标记处套筒的注浆孔进行补浆，5min 后观察监测器内浆料液面是否下降。监测器内液面观察模糊时，可将监测器上盖拧开观察（图3-44～图3-46）。

8）冬期施工测温

环境温度变化决定套筒内温度变化，故此，冬期施工期间须提前 24h 监测套筒内养护温度，并结合天气预报气温变化情况，预估灌浆后的养护温度，套筒内最低温度不得低

图 3-44　灌浆饱满度实时监测　　图 3-45　灌浆饱满度检查 1　　图 3-46　灌浆饱满度检查 2

于 -5℃，否则影响低温灌浆料的强度发展，最终影响接头力学性能。

　　搅拌水温和材料温度决定浆料温度，出机降温过高会导致浆料硬化快，最终影响灌浆饱满度，而浆料温度过低会影响灌浆料早期强度发展，最终影响施工工序的衔接配合。

　　（1）冬期灌浆施工前准备多路（至少 8 路）温度巡检仪进行施工前条件检查。

　　（2）多路温度巡检仪应设置间隔时间 10min 一次。

　　（3）对预计施工工作面，应前置 24h 开始测温，直至灌浆完成后同条件试块合格方可撤出多路温度巡检仪（图 3-47）。过程中应有专人观察检测数据，发生异常应立刻进行处理。

　　（4）施工时多路温度巡检仪布置点位应含有大气温度、工作面内温度、墙板中空灌浆套筒内温度、灌浆施工后套筒内温度和同条件试块内温度（图 3-48）。

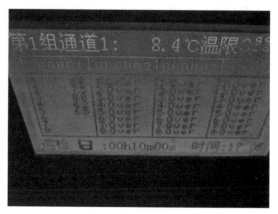

图 3-47　灌浆前 24h 套筒温度监测　　　　图 3-48　不同部位套筒内实测温度

　　（5）当大气温度、套筒内温度和工作面温度均满足冬期灌浆施工方案中的温度要求后，方可准备冬期灌浆施工（图 3-49、图 3-50）。

　　（6）施工过程中应严格检测水温、干料温度以及搅拌后浆料温度（图 3-51 ~ 图 3-53）。温度发生异常时，应立即停止灌浆施工。

（7）灌浆施工时，施工现场必须前置好升温设备，且有专人进行看管，根据多路温度巡检仪反馈数值控制升温设备，直至同条件试块合格后方可撤出。同时填写冬期灌浆施工测温记录（图 3-54）。

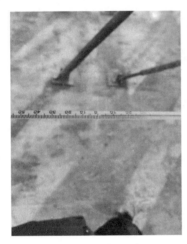

图 3-49　大气温度

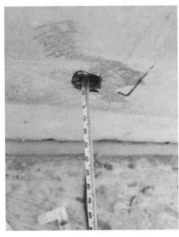

图 3-50　套筒内温度

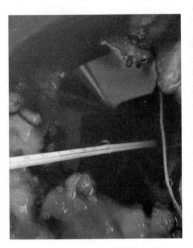

图 3-51　搅拌水温度

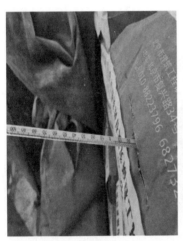

图 3-52　灌浆料温度

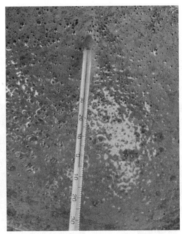

图 3-53　搅拌后浆体出机温度

图 3-54　测温表

第四章
装配式建筑建设工程项目管理知识

第一节　装配式建筑施工项目管理组织知识

一、装配式建筑施工管理组织

1. 装配式建筑施工管理的影响因素

1）预制构件的影响因素

装配式建筑施工中会应用到大量的预制构件，对于我国目前的构件生产情况而言，很多生产厂家的规模有限，对于装配式建筑工程中的构件生产经验不足，应用在装配式建筑施工中的各个构件的质量也存在很大的差异。通常情况下，构件都是经过厂家统一生产，再经过运输才能够到达施工现场，而运输的距离有远有近，运输构件的车辆情况也参差不齐，这就会导致对构件的保护情况不一，在构件运输到施工现场之后的质量保障情况就会出现差异。

2）施工准备的影响

在进行装配式建筑施工中，需要实施有效的前期准备工作。前期准备工作直接关系到装配式建筑施工的效果。如果施工准备阶段没有预先对施工中的各项因素进行分析，且没有编制完善的施工组织设计，则会导致装配式建筑施工过程中出现施工随意、施工科学性不足等情况，进而影响后续施工。

3）施工设备的影响

装配式建筑施工中吊装、安装等一些环节都需要专业的机械设备，所用机械设备给工程项目的实施带来的影响不可忽视。一方面，吊装时连接位置不牢固，如突然失效，会导致预制构件倾斜、掉落，触碰到其他物体而导致损坏，甚至造成人员伤亡。另一方面，安装作业时，起重机预留活动空间较小，变幅、回转时，容易挤伤施工人员。另外，机械设备人员错误操作，导致施工设备故障或出现意外等，也会影响施工工作的顺利推进。

4）装配式建筑工程的管理人员缺乏专业的管理意识

装配式建筑工程拥有属于自己的特点，因此，施工管理人员需要拥有一定的专业能力。就中国目前的施工管理情况而言，大部分的施工管理人员缺乏足够的专业管理能力，无法与时代接轨，这样就不能及时吸取先进的管理理念和管理方法。传统的建筑工程和装配式建筑工程在很多方面都存在着较大的差异性，因此，需要施工管理人员对其进行相应的管理，而并非沿用传统的管理理念和管理方式。这也是对装配式建筑工程管理造成影响的因素之一，只有对其管理理念进行创新，选择相适应的管理方法，才能够更好地推动装配式建筑工程的发展和进步。

2. 装配式建筑工程管理措施

1）完善建筑工程管理体系

现阶段，建筑工程管理体系依旧不够完善，更是难以满足装配式建筑工程管理需求，因而务必要对其予以逐步完善。一方面，可学习借鉴国内外先进管理理念，为装配式建筑工程管理制作一套全面系统的蓝图。结合我国建筑行业实际发展情况，构建一套科学适用的管理思路体系。另一方面，对管理部门设置开展深入的优化调整，做到权责分明，确保各个部门均可严格履行责任，还要开展好用人制度、分配制度等相关内容制定工作，为装配式建筑工程管理提供可靠的人力保障。

2）注重对构件的管控

鉴于装配式建筑对预制构件的质量要求较高，故此，为避免建筑工程预制构件出现问题，应严格控制构配件的质量。建筑工程应把控预制构件的源头，注重对制造商的选择，确保制造商具有相应的资质，并能够使之严格遵循预制构件的设计进行生产。而且，制造商的信誉和构件均应良好，从而避免不合格的构件。建筑工程还应对预制构件的运输过程，包括运输距离、运输车辆进行控制，并且在运输过程中，强化对预制构件的保护，减少运输途中的损坏。在构件进入到施工现场前，展开对构件的检测，确认符合质量标准。

3）施工设备的管理对策

装配式建筑工程实施中，可采取以下措施落实施工设备管理工作：一方面，吊装、安装预制构件时，应保证各部分连接牢固，构件吊起运至预定位置时，预制构件下禁止有其他作业人员。另一方面，施工需要预留合理的施工设备活动空间，避免施工设备运行时出现意外。另外，要求操作人员做好施工设备养护，定期检查施工及相关构配件，确保其处于最佳的性能状态。同时，要求操作人员严格按照规范操作施工设备，避免施工设备故障，影响施工工作的正常进行。

4）提高生产质量

装配式建筑是先进行建筑各个部分的生产，然后进行组装的一个过程，在整个过程中，要求员工具有较高的技术水平，生产材料具有较高的质量，这样生产出的装配式建筑才能够具有质量保证。因此，在提高装配式建筑工程管理水平时需要注意两点：其一是注重对员工的培训，使员工通过培训学习能够掌握装配式建筑新技术，在安装过程中也能够做到无缝衔接。其二是提高原材料的质量，工程质量能否达标与原材料有直接关系，建筑企业在追求经济效益的同时，还需要保质保量地生产，才能够促进装配式建筑可持续发展。

5）做好后期的完善工作

装配式建筑与传统的钢筋混凝土建筑在某种程度上具有很大区别，它的管理模式也是初建的、不成熟的管理体制。管理人员应根据现场施工情况，不停地进行调整，做好有关管理工作的记录，仔细分析当下的疏漏，及时进行补充。

二、装配式建筑施工组织设计的内容和编制方法

装配式建筑施工组织设计的内容要结合工程的实际特点、施工条件和技术水平进行综合考虑，一般包括以下基本内容。

1. 编制依据

（1）工程施工合同或协议。

（2）施工图纸（工程设计文件）。

（3）现行的与工程建设有关的国家、行业、地方的规范、规程。

（4）现行的国家、行业、地方的主要标准。

（5）建筑、水、电、设备等专业施工图集。

（6）国家法律、地方法规以及行政主管部门颁发的强制执行的技术文件、管理文件等（如见证取样、危险性较大工程管理办法）。

（7）工程施工范围内的现场条件，工程地质及水文地质、气象等自然条件。

（8）企业贯标文件。

2. 工程概况

（1）项目的性质、规模、地理位置。

（2）项目的建筑设计概况、结构设计概况、装配式设计概况、专业设计概况。

（3）本地区地形、地质、水文和气象情况。

（4）项目重点、难点分析及应对措施。

（5）项目典型的平、立、剖面图。

3. 施工部署

（1）管理目标。

（2）项目管理组织。

（3）任务划分。

（4）施工部署原则及总体施工顺序。

（5）主要项目工程量。

（6）施工进度计划。

（7）主要资源配置计划。

（8）组织协调。

4. 施工准备

（1）深化设计：设计图纸深化，施工措施深化。

（2）技术准备：图纸会审，技术培训，技术资料准备，施工方案编制计划，工程定位测量方案，计量、测量、检测、试验仪器与器具配置计划，检验与试验计划，施工样板计划，新技术推广与创新计划等；对拟建工程可能采用的几个施工方案进行定性、定量的分析，通过技术经济评价，选择最佳方案。

（3）预制构件存放与吊装准备：预制构件存放及装配式吊装机械设备计划。

（4）施工现场准备：施工水源、电源、热源、通信、生产、办公、生活临时设施，雨、污水排放，材料、垃圾堆放场地，施工临时围挡和施工道路等。

（5）施工资源准备：劳动力资源准备，主要物资资源准备，主要机械设备资源准备和资金准备。

5. 主要分部分项工程施工方法

（1）流水段划分

根据工期目标、设计和资源状况，合理地进行流水段的划分，流水段划分应分基础阶段、主体阶段和装饰装修阶段三个阶段，并应分别附流水段划分的平面图。

（2）大型机械设备的选择

根据工程特点、工法需要，按施工阶段正确选择，并列出设备的规格型号、主要技术参数及数量，并确定进场、退场时间。

（3）确定影响整个工程施工的分部分项工程及原则性施工要求

①基坑开挖与支护工程：确定采用什么机械，开挖流向并分段，土方堆放地点，是否需要降水、支护且采用何种方式等；

②钢筋工程：确定钢筋加工、接头形式，钢筋的水平、垂直运输方案等；

③模板工程：确定各种构件采用的模板材料种类、配备数量、周转次数、模板的水平及垂直运输方案等；

④混凝土工程：确定商品混凝土搅拌站的选定、混凝土运输机械、混凝土浇筑顺序、浇筑机械以及振捣、养护方式，并确定机械数量和机械布置位置等；

⑤装配式结构工程：装配式结构的制作、运输、堆放、安装、防腐与防火等；

⑥结构吊装工程：明确吊装构件重量、起吊高度、起吊半径，选择吊装机械、机械设置位置或行走线路等，并绘出吊装图；

⑦砌体工程：明确填充砌体的材料及施工方法；

⑧脚手架工程：明确脚手架搭设方式、高度，如何周转等；

⑨屋面工程：明确屋面防水类型、防水等级以及施工方法等；

⑩装饰装修工程：重点描述地面、墙面、门窗、吊顶、涂饰、幕墙、厕浴间等分项工程；

⑪ 建筑工程给水排水、供热、建筑电气、智能建筑、通风与空调、电梯等专业工程施工方法简要说明。

（4）对于常规做法和工人熟知的分项工程提出应注意的一些特殊问题。

（5）对脚手架工程、起重吊装工程、临时用水用电工程、季节性施工等专项工程所采用的施工方案应进行必要的验算和说明。

6. 主要管理措施

（1）工期保证措施。

（2）分包管理措施。

（3）质量保证措施。

（4）技术保证措施。

（5）安全保证措施。

（6）消防保证措施。

（7）环保保证措施。

（8）绿色施工管理措施。

（9）成品保护措施。

（10）降低成本措施。

（11）其他施工管理措施及应急预案。

7. 主要技术经济指标

（1）质量管理指标。

（2）安全管理指标。

（3）工期管理指标。

（4）成本管理指标。

（5）绿色施工管理指标。

8. 项目质量、安全风险识别清单

（1）风险等级。

（2）风险源名称。

（3）管控层级。

（4）质量和安全部门、人员。

（5）主要管控措施。

9. 施工平面图

（1）基础阶段施工平面布置图。

（2）主体阶段施工平面布置图。

（3）装饰装修阶段施工平面布置图。

（4）临建的用电和供水平面布置图。

三、装配式建筑施工方案的内容及编制方法

装配式建筑施工方案要突出装配式结构安装的特点，组织协调人、机、料、具等资源完成装配式安装的总体要求。一般包括以下内容：

1）编制依据

（1）装配式深化设计图纸。

（2）施工图纸。

（3）施工组织设计。

（4）相关规范、标准、图集。

（5）相关法律法规。

2）工程概况

（1）工程总体概况：工程名称、地址、规模等；建设单位、设计单位、监理单位、施工单位；工程的质量目标、安全目标。

（2）工程建筑设计及结构设计特点：结构安全等级、抗震等级要求，重点说明装配式结构的体系形式，装配式楼栋分布及预制构件应用情况，各预制构件平面布置情况等。

（3）工程环境特征：场地供水、供电、排水情况；详细说明与装配式结构紧密相关的气候条件，包括雨、雪、风的特点；对构件运输影响大的道路桥梁情况。

3）施工安排

（1）工程施工目标包括进度、质量、安全、环境和成本目标等，各项目标满足施工合同、招标文件要求。

（2）工程施工顺序及施工流水段的划分。

（3）针对工程的重点和难点进行施工安排，并简述主要管理和技术措施。

（4）工程管理的组织机构及岗位职责。

4）施工准备

（1）技术准备：施工所需的技术资料、图纸深化和技术交底、试验检验和测试工作计划、样板制作计划以及与相关单位的技术交接计划等。

（2）现场准备：生产生活等临时设施的准备以及与相关单位进行现场交接的计划等。

（3）资金准备：编制资金使用计划等。

（4）劳动力配置计划：工程用工量并编制专业工种劳动力计划表。

（5）物资配置计划：工程材料和设备配置计划、周转材料和施工机具配置计划以及计量、测量和检验仪器配置计划等。

（6）预制构件运输组织：包括车辆数量、运输路线、现场装卸方法、起重堆放等。

5）进度计划

（1）进度计划包含结构施工进度计划、构件生产进度计划、构件吊装进度计划、分部和分项施工进度计划。

（2）合理划分流水段，装配式结构工程一般以一个单元为一个施工流水段。

（3）确定装配式建筑标准层的预制构件数量及重量，编制预制构件吊装顺序图。

（4）楼面施工工程中不同工种的工序衔接安排、穿插配合要求等。

6）施工工艺

（1）结合项目具体预制构件设计情况，制订各类预制构件的施工工艺，包括装配式构件的吊装、连接、固定与支撑体系搭设方法，预制构件灌浆施工、拼缝打胶、钢结构的高强度螺栓施工及焊接，装配式构件施工的质量保证措施等。

（2）对易发生质量通病、易出现安全问题、施工难度大、技术含量高的分项工程（工序）等作出重点说明。

（3）对开发和使用的新技术、新工艺以及采用的新材料、新设备通过必要的试验或论证并制订计划。

（4）对季节性施工应提出具体要求。

7）质量标准及保证措施

（1）明确质量标准、允许偏差及验收方法。

（2）质量通病的防治措施。

8）施工安全保证措施。

9）成品保护措施。

10）其他保证措施。

11）应急预案。

12）相关计算书及附图、附表。

四、装配式建筑施工风险管理

1. 装配式建筑在施工管理中的风险因素

1）管理体系不完善

在装配式建筑工程项目建设中，相关部门需要严格按照设计标准化、生产工厂化、施工装配化、装修一体化和管理信息化的方式实施。但与传统的建筑方式相比，我国现有的装配式建筑配套标准体系不够完善，各个地区存在很大差异，无法覆盖设计、制造、施工安装和信息技术板块，严重影响着建筑结构的安全性，尤其是建筑防水、管线一体化安装和装饰装修配套等使用问题比较多。除此之外，装配式建筑设计、生产过程中，因管理不到位，极易出现设计错误、尺寸不合理、预埋件缺漏等质量问题。

2）施工过程中存在的问题

（1）在开展装配式建筑工程施工管理过程中，相关管理人员无法充分掌握装配式建筑工程的施工操作，不了解施工作业流程，施工企业对人员交底、培训不完善，严重影响建筑工程项目建设的整体质量。并且，建筑工程项目施工人员往往会故步自封，无法及时学习先进的管理理念和管理模式，严重影响着自身综合素质的有效提升，无法对建筑工程施工管理制度进行有效构建，阻碍了装配式建筑工程施工管理工作的顺利实施。

（2）在预制构件出厂之前，相关人员未按照图纸要求进行预埋，导致尺寸误差比较大，生产厂家缺乏经验，无法制造出所需构件，严重影响着构件的整体质量。

3）建设主体配合不足，施工专业水平低

首先，在开展装配式建筑施工时，往往涉及多个单位，不同工程参与方必须注重协调配合。如果总承包与分包协调配合不足，将会导致工程建设出现滞后性问题。监理工程师没有对施工全过程进行监督管理，施工企业管理不到位，都会对建筑施工质量造成极大影响。其次，参与施工的人员缺乏熟练的操作技能，不了解装配式建筑的施工要点，技术工艺不佳，将极大地影响建筑的承载性能，不能提升建筑强度，从而对装配式建筑的应用产生较大影响。

2. 装配式建筑施工管理风险的应对措施

1）做好施工前的准备工作

充足的准备工作在装配式建筑施工中是非常有必要的，在施工之前，管理人员要根据企业的资金能力和工程的实际情况，制订一个合理的施工方案，并且要根据建筑施工的实际需要，安排足够的施工人员进入现场，各种机械设备必须备齐，并且提前在施工现场待命。

在装配式建筑施工之前，要对预制构件节点进行清理，保证各个节点的清洁程度，对于钢筋等一些容易腐蚀的建筑材料，要做好除锈工作。在装配式建筑施工的过程中，管理人员要对现场施工进行合理的协调，充分地利用好每一个施工人员的能力，对现场的工作人员进行合理的调配，避免出现窝工的现象。在装配式建筑施工完成以后，要做好防水处理，对于一些必要的混凝土构件，要进行适当的养护，防止出现不合格的问题。

2）加强施工现场管理

在装配式建筑施工过程中，管理人员必须有足够的责任意识，全程在施工现场进行监督，要充分地发挥出管理人员的重要监督作用，对现场的施工人员进行严格的管理，不放过任何一道工序。建立一个严格的施工管理制度，并且在施工的过程中，严格地按照这个制度对现场进行管理，发现问题一定要严肃处理，并且使用合理的措施进行补救，减少企业的损失。采用定责的机制对装配式建筑施工进行管理，督促工作人员严格按照装配式建筑施工标准来开展工作，哪一个工作人员或者班组出现问题，就要找到相关的责任人进行问责，对其进行一定的处罚。通过对装配式建筑施工进行严格的现场管理，减少各种问题的发生。

3）信息化管理

（1）协同配合，深化设计

应用BIM（建筑信息模型）技术可以将装配式建筑的设计、生产、施工、运维结合为一体建立模型，将数据整合信息化，根据不同系统间的协同配合，在同一模型上进行虚拟的协调与配合，完善设计。

（2）运输监控，灵活调动

对构件运输进行实时监控，掌握各构件的实时位置，利用视频等监控设备对工程所涉及的地点进行监管，实现施工过程可视化，在遇到突发情况时也可及时调整、调度。

（3）数据共享，简化维护

装配式建筑工程项目从设计生产到运输装配，最后到使用维护，全程数据都要及时地收集整理，在各部分执行本身任务的同时与其他流程环节进行数据信息的交流，在维护建筑时遇到问题可以通过整合的项目数据来简化解决过程。通过建立数据库可以为其他项目提供经验资料。

4）加大施工过程的系统化管理力度

为了全面优化施工管理工作，需要建立一套完整的管理体系，全面控制和规范施工内容与行为，确保工程管理落实到每一个施工环节中，以此提升装配式构件的管理效果。工程管理人员应当全面按照项目管理制度对现场施工人员进行组织调动，不断加强施工作业的规范性和纪律性。同时工程管理人员应当定期开展法规培训工作，以此提升现场施工管理的有效性，在具体施工中不断强化施工人员的安全责任意识，使其在施工过程中规范自身行为，及时了解和掌握工程进度，以此降低安全事故的发生率。

5）建立质量保证与反馈机制

在开展装配式建筑管理时，必须围绕建筑产品质量，通过合理的质量管理体系，全面规范建筑质量管理。在信息技术发展的带动下，能够为工程管理提供技术支持。通过互联网技术可以采集施工全过程信息，建立 PDCA 循环质量管理体系，追踪和反馈装配式建筑的质量。

第二节 装配式建筑施工项目进度管理知识

一、装配式建筑施工进度计划的类型

建设工程项目施工进度计划，属工程项目管理的范畴，它以每个建设工程项目的施工为系统，依据企业施工生产计划的总体安排和履行施工合同的要求，以及施工的条件 [包括设计资料提供的条件、施工现场的条件、施工的组织条件、施工的技术条件和资源（主要指人力、物力和财力）条件等] 和资源利用的可能性，合理安排一个项目施工的进度。

建设工程项目管理有多种类型，代表不同利益方的项目管理（业主方和项目参与各方）都有进度控制的任务，但是其控制的目标和时间范畴并不相同。

建设工程项目是在动态条件下实施的，因此进度控制必须是一个动态的管理过程。它包括：

（1）进度目标的分析和论证，其目的是论证进度目标是否合理，进度目标有否可能实现，如果经过科学的论证，目标不可能实现，则必须调整目标。

（2）在收集资料和调查研究的基础上编制进度计划。

（3）进度计划的跟踪检查与调整，它包括定期跟踪检查进度计划的执行情况，若其执行有偏差，则采取纠偏措施，并视情况调整进度计划。

为了有效控制施工进度，尽可能摆脱因进度压力而造成工程组织的被动，施工方有关管理人员应深刻理解以下内容：

（1）整个建设工程项目的进度目标如何确定。

（2）影响整个建设工程项目进度目标实现的主要因素。

（3）如何正确处理工程进度和工程质量的关系。

（4）施工方在整个建设工程项目进度目标实践中的地位和作用。

（5）影响施工进度目标实现的主要因素。

（6）施工进度控制的基本理论、方法、措施和手段等。

1）整个项目施工总进度方案、施工总进度规划、施工总进度计划。这些进度计划的名称尚不统一，应视项目的特点、条件和需要而定，大型建设工程项目进度计划的层次就多一些，而小型项目只需编制施工总进度计划。

2）子项目施工进度计划和单体工程施工进度计划。

3）项目施工的年度施工计划、季度施工计划、月度施工计划和旬施工作业计划等。

建设工程项目施工进度计划若从计划的功能区分，可分为控制性施工进度计划、指导性施工进度计划和实施性施工进度计划。具体组织施工的进度计划是实施性施工进度计划，它必须非常具体。控制性进度计划和指导性进度计划的界限并不十分清晰，前者更宏观一些。大型和特大型建设工程项目需要编制控制性施工进度计划、指导性施工进度计划和实施性施工进度计划，而小型建设工程项目仅编制两个层次的计划即可。

在建设工程项目进度计划系统中，各进度计划或各子系统进度计划编制和调整时，必须注意其相互间的联系和协调，如：

（1）总进度规划（计划）、项目子系统进度规划（计划）与项目子系统中的单项工程进度计划之间的联系和协调；

（2）控制性进度规划（计划）、指导性进度规划（计划）与实施性（操作性）进度计划之间的联系和协调；

（3）业主方编制的整个项目实施的进度计划，设计方编制的进度计划，施工和设备安装方编制的进度计划与采购和供货方编制的进度计划之间的联系和协调等。

4）项目总进度计划目标的论证。

建设工程项目的总进度目标指的是整个项目的进度目标，它是在项目决策阶段项目定义时确定的，项目管理的主要任务是在项目的实施阶段对项目的目标进行控制，建设工程项目总进度目标的控制是业主方项目管理的任务（若采用建设项目工程总承包的模式，协助业主进行项目总进度目标的控制也是建设项目工程总承包方项目管理的任务），在进行建设工程项目总进度目标控制前，首先应分析和论证进度目标实现的可能性，若项目总进度目标不可能实现，则项目管理者应提出调整项目总进度目标的建议，并请项目决策者审议。

在项目的实施阶段，项目总进度应包括：

（1）设计前准备阶段的工作进度。

（2）设计工作进度。

（3）招标工作进度。

（4）施工前准备工作进度。

（5）工程施工和设备安装进度。

（6）工程物资采购工作进度。

（7）项目动用前的准备工作进度等。

建设工程项目总进度目标的论证分析和论证上述各项工作的进度，以及上述各项工作进展的相互关系。

在建设工程项目总进度目标论证时，往往还没有掌握比较详细的设计资料，缺乏比较全面的有关工程发包的组织、施工组织和施工技术等方面的资料，以及其他有关项目实施条件的资料，因此，总进度目标论证并不是单纯的总进度规划的编制工作，它涉及许多工程实施的条件分析和工程实施策划方面的问题。

大型建设工程项目总进度目标论证的核心是通过编制总进度纲要论证总进度目标实现的可能性。总进度纲要的主要内容包括：

（1）项目实施的总体部署。

（2）总进度规划。

（3）各子系统进度规划。

（4）确定里程碑事件的计划进度目标。

（5）总进度目标实现的条件和应采取的措施等。

5）项目总进度计划的工作步骤。

（1）调查研究和收集资料。

（2）项目结构分析。

（3）进度计划系统的结构分析。

（4）项目的工作编码。

（5）编制各层进度计划。

（6）协调各层进度计划的关系，编制总进度计划。

（7）若所编制的总进度计划不符合项目的进度计划，则设法调整。

（8）若经过多次调整，进度目标无法实现，则报告项目决策者。

二、装配式建筑施工进度计划的编制方法

1. 横道图进度计划

1）定义

作为计算机辅助建设工程项目进度控制的方法，横道图的表头为工作及其简要说明，项目进展表示在时间表格上，按照所表示的详细程度，时间单位可以为年、月、旬、周、日等，这些时间单位通常以日历天表示。

2）特点

（1）最简单、运用最广泛的传统的进度计划方法。

（2）可以将工作简要说明直接放在横道图上，也可以将重要逻辑关系标注在内。

（3）工序（工作）之间的逻辑关系可以设法表达，但不易表达清楚。

（4）适用于手工编制计划。

（5）没有通过严谨的进度计划时间参数计算，不能确定计划的关键工作、关键线路与时差。

（6）计划调整只能用手工方式进行，其工作量较大。

（7）难以适应大的进度计划系统。

2. 单代号网络计划

1）定义

用一个圆圈代表一项活动，并将活动名称写在圆圈中。箭线符号仅用来表示相关活动之间的顺序，不具有其他意义，因其活动只用一个符号就可代表，故称为单代号网络图。

2）特点

（1）单代号网络图用节点及其编号表示工作，而箭线仅表示工作间的逻辑关系。

（2）单代号网络图作图简便，图面简洁，由于没有虚箭线，产生逻辑错误的可能较小。

（3）单代号网络图用节点表示工作：没有长度概念，不够形象，不便于绘制时标网络图。

（4）单代号网络图更适合用计算机进行绘制、计算、优化和调整。最新发展起来的几种网络计划形式，如决策网络（DCPM）、图式评审技术（GERT）、前导网络（PN）等，都是采用单代号网络图表示的。

3. 双代号网络计划

1）定义

用箭线表示活动，并在节点处将活动连接起来表示依赖关系的网络图。仅用结束—开

始关系及用虚工作线表示活动间的逻辑关系。其中，因为箭线是用来表示活动的，有时为确定所有逻辑关系，可使用虚拟工作。

2）特点

绘制双代号网络计划图最重要的就是把握逻辑关系，所谓的逻辑关系是指工作进行时客观上存在的一种相互制约或依赖的关系。在网络图中各工作间的逻辑关系表示的是否正确，直接影响网络图的绘制与参数计算的正确与否。要正确反映工程逻辑关系，就要理顺一项工作有哪些紧前工作、紧后工作和平行工作。在进行双代号网络图绘制中，常常会出现一些逻辑关系表达困难的现象。

4. 双代号时标网络计划

1）概念

以时间坐标为尺度编制的双代号网络计划，以实箭线表示工作，虚箭线表示虚工作，波形线表示自由时差。

2）特点

（1）兼有网络计划与横道图计划的优点，能够清楚地表达计划的时间进程，使用方便。

（2）直接显示出各项工作的开始与完成时间、工作的自由时差及关键线路。

（3）可以统计每一个单位时间对资源的需要量，以便进行资源优化和调整。

（4）受时间坐标限制，发生变化修改较麻烦。

三、装配式建筑施工进度计划的调整方法

1. 缩短某些工作的持续时间

这种方法是不改变工作之间的逻辑关系，而是缩短某些工作的持续时间，而使施工进度加快，并保证实现计划工期。这些被压缩持续时间的工作是位于由于实际施工进度的拖延而引起总工期增长的关键线路和某些非关键线路上的工作。同时，这些工作又是可压缩持续时间的工作（资源强度小或费用低的工作缩短其持续时间）。这种方法实际上就是网络计划优化中的工期优化方法和工期与费用优化的方法。

2. 合同措施

施工合同是建设单位与施工单位订立的，用来明确责任、权利关系的，具有法律效力的协议文件，是运用市场经济体制组织项目实施的基本手段。建设单位根据施工合同要求施工单位在合同工期内完成工程建设任务，按施工合同约定的方式、比例支付相应的工程款。因此，合同措施是建设单位进行目标控制的重要手段，是确保目标控制得以顺利实施的有效措施。

1）合同工期的确定

一般来说，合同工期主要受建设单位的要求工期、工程的定额工期以及投标价格的影响。工程招标投标时，建设单位通常不采用定额工期而是根据自身的实际需要确定投标工期，只从价格上选择相对低价者中标。多数施工单位为了中标，往往忽视工程造价与合同工期之间的辩证关系，致使在工程实施过程中，由于工程报价低，在要求增加人力、机械设备时显得困难，制约了工程进度，不能按合同工期完成。因此，建设单位要科学合理地确定工期，并允许投标工期在平衡投标报价中发挥作用，以减小在进度目标控制中存在的风险。按照有关法规规定合同工期一般不应低于工程定额工期的80%，建设单位可根据工程定额工期及此范围确定合理的合同工期。

2）工程款支付的合同控制

工程进度控制与工程款的合同支付方式密不可分，工程进度款既是对施工单位履约程度的量化，又是推进工程项目运转的动力。工程进度控制要牢牢把握这一关键，在合同约定支付方式中加以体现，确保阶段性进度目标的顺利实现。对于工程款的支付可按形象进度计量，即将工程项目总体目标分解为若干个阶段性目标，在每一阶段完成并验收合格后根据投标预算中该阶段的造价支付进度款。这不但使工程进度款的支付准确明了，更重要的是提高了施工单位的主观能动性，使其主动优化施工组织和进度计划，加快施工进度，多劳多得，缩短工期，提高效益。

3）合同工期延期的控制

合同工期延期一般是由于建设单位、工程变更、不可抗力等原因造成的。而工期延误是施工单位组织不力或因管理不善等原因造成的，两者概念不同。因此，合同约定中应明确合同工期顺延的申报条件和许可条件，即导致工期拖延的原因不是施工单位自身的原因引起的。由于建设单位原因造成工期的拖延是申请合同工期延期的首要条件，但并非一定可以获得批准。在工程进度控制中还要判断延期事件是否处于施工进度计划的关键线路上，才能获得合同工期的延期批准。若延期事件发生在非关键线路上，且延长的时间未超过总时差，工期延期申请是不能获得批准的。此外，合同工期延期的批准还必须符合实际情况和时效性。通常约定为在延期事件发生后14d内向建设单位代表或监理工程师提出申请，并递交详细报告，否则申请无效。

3. 经济措施

（1）实行包干奖励。

（2）提高奖金数额。

（3）对所采取的技术措施给予相应的经济补偿。

（4）严格工期违约责任：建设单位要想取得好的工程进度控制效果，实现工期目标，必须严格工期违约责任、明确具体措施，对企图拖延、蒙混工期的施工单位起到震慑作用。对因施工单位原因造成的工期延误，以合同价款的若干比例按每延误一日向建设单位支付工期违约金，并在工程进度款支付中扣除，施工单位在下一阶段目标或合同工期内赶上进度计划的可以退还违约金。

（5）确定奖罚结合的激励机制：长期以来，在实现工程项目进度控制目标的巨大压力下，针对施工单位合同工期的约束大多只采取"罚"字诀，但效果并不明显。从根本上讲建设单位的初衷是如期完工，而不在于"罚"，而某些工程项目施工单位在考虑赶工投入的施工成本后会得出情愿受罚的结论，原因是违约金上限不能超过合同总价款的5%，这与增加人员投入、材料周转的费用相接近，且拖延工期有时会直接降低一定的施工成本。所以，工程进度控制只采用罚的办法是比较被动的，而采取奖罚结合的办法可以引导施工单位变被动为主动。施工单位在合同工期内提前完工奖励的幅度可以约定为一个具体数值或是与违约金支付的比例相当。由于奖励比惩罚的作用更大，争创品牌的施工单位自然会积极配合建设单位的进度控制，尽可能为此荣誉而努力，也有利于促成双方诚信合作的良性循环。

4. 组织措施

不改变逻辑关系，采取增加资源投入、提高劳动效率等措施缩短工序时间，分三种情况：

（1）网络计划中某项工作进度拖延时间已超过其自由时差但未超过其总时差。

不影响工期，但影响后续工作的进行，但要寻求后续工作可以拖延的限制条件，以最小的拖延满足要求。

（2）网络计划中某项工作进度拖延时间超过其总时差。

将影响工期，具体分三种情况：

①项目总工期不允许拖延。

②项目工期允许拖延。

③项目总工期允许延长的时间有限。

（3）网络计划中某项工作进度超前时。

综合因素具体分析，尽可能与相关单位协商妥当后进行处理，具体方法与上述方法相类似，尽量保证总工期目标的顺利实现。

5. 技术措施

（1）改进工艺和技术，缩短工艺技术间歇时间。

（2）采用更先进的施工方法，以减少施工过程。

（3）采用更先进的施工机械。

（4）主要包括采用流水作业法、科学排序法和网络计划法，使用计算机辅助进度管理，实施动态控制。

6. 信息管理措施

主要包括不断收集工程实施实际进度的有关信息并进行整理统计，实际进度与计划进度比较，定期提供进度报告。上述五种措施主要是以提高预控能力、加强主动控制的办法来达到加快施工进度的目的。在工程项目实施过程中，要将被动控制与主动控制紧密地结合起来，认真分析各种因素对工程进度目标的影响程度，及时将实际进度与计划进度进行对比，制订纠正偏差的方案，并采取赶工措施，使实际进度与计划进度保持一致。

7. 其他配套措施

（1）改善外部配合条件。

（2）改善劳动条件。

（3）实行强有力的调度等。

8. 改变某些工作间的逻辑关系

适当改变工序间的逻辑关系：平行作业、划分施工段穿插、搭接作业等。

注意尽量减少对工艺逻辑关系的调整：大型工程多采用平行作业；小型工程尽量地多采用搭接施工，或两者结合方式。

9. 资源供应的调整

对于因资源供应发生异常而引起进度计划执行问题的，应采用资源优化方法对计划进行调整，或采取应急措施，使其对工期的影响最小。

10. 增减施工内容

增减施工内容应做到不打乱原计划的逻辑关系，只对局部逻辑关系进行调整。在增减施工内容以后，应重新计算时间参数，分析对原网络计划的影响。当对工期有影响时，应采取措施进行调整，保证计划工期不变。

11. 增减工程量

增减工程量主要是指改变施工方案、方法，从而导致工程量的增加或减少。

12. 起止时间的改变

起止时间的改变应在相应的工作时差范围内进行，每次调整必须重新计算时间参数，观察该项调整对整个施工计划的影响。

四、装配式建筑施工进度计划的控制措施

1. 计划管理方面的控制措施

（1）建立严密的施工计划检查制度。在施工中严格按照网络计划来控制各工序施工进度，施工管理人员应根据总进度计划制订月、旬作业计划，合理安排工序搭接和施工流水，对于影响进度的关键部位，施工管理人员跟班作业，如遇特殊原因或不可抗拒因素延误某项工序的进度，则应进行赶工。

（2）在计划管理中，要确定保证工期的主要环节。采取有力措施，确保各控制点如期完成。

2. 资金管理方面的保证措施

筹措必要的流动资金，保证施工的正常进行，特别是材料、设施方面的资金，要有充分的保障。杜绝因资金不到位，导致装配式构件不能按时进场，进而导致工程施工进度滞后。

3. 杜绝返工方面的保证措施

实行质量管理目标责任制，加大质量监督与质量管理工作的力度，高标准、严要求，确保各工序施工一次成活，杜绝返工和延误工时现象发生。

4. 组织协调方面的保证措施

（1）首先是理顺传统钢筋混凝土结构施工与装配式构件安装施工的协调关系。以装配式构件安装施工为主，传统钢筋混凝土结构施工要积极配合装配式构件安装施工，互谅互让，携手前进。项目经理部对出现的问题，要及时解决，不得推诿扯皮，影响进度。

（2）其次要协调好各专业施工的关系，精心组织，合理安排施工顺序，避免窝工、待工现象。

5. 人员管理方面的保证措施

为了更好地实现对于装配式建筑施工水平的有效提升，必然还需要围绕相应的装配人员进行重点把关，确保装配人员能够具备较高的操作技能，有效实现对于具体任务的落实，尽量避免自身可能存在的明显偏差失误。基于此，在具体装配式建筑施工处理前，必须重点加强对于装配人员持证上岗情况的详细审查，确保其具备足够的胜任力，有助于实现对于整体施工质量的保障，对于施工能力不足的施工人员予以规避。此外，还需要重点把握好对于技术交底工作的落实，确保各个施工人员能够明确具体施工意图，能够严格按照设计方案以及施工图纸进行操作，最终提升其整体施工价值。

6. 进度管理方面的保证措施

（1）严格执行落实施工进度控制计划，按总工期确定季度计划，按照季度计划编制月

计划，按月计划编制详细的周、旬计划，每周对照进行落实，做到周保旬、旬保月、月保季，确保总工期。

（2）按施工阶段分解，突出控制节点。以关键线路为线索，以网络计划中心起止点为控制点，在结构施工阶段，把装配式构件安装、钢筋混凝土施工作为重点对象，在施工中要针对不同阶段的重点和施工时的相关条件，制订施工细则，作出更加具体的分析研究和平衡协调，以保证控制节点的实现。

（3）施工阶段进度的控制是循序渐进的动态控制过程，施工现场的条件与情况千变万化。项目经理部要随时了解和掌握与施工进度相关的各种信息，不断将实际进度与计划进度比较，从中明了二者之间的差异状况，一旦发现进度拖后，首先分析产生偏差的原因，并系统地分析对后续工序产生的影响，在此基础上提出补救措施，以保证项目最终按预计目标实现。

（4）利用网络技术，深入细致地划分施工过程，做到连续流水作业，及时安排穿插交叉施工，加快施工进度，对各关键工序进行重点控制，确保施工进度计划圆满实现。

7. 构件生产及运输的保证措施

构件生产及运输主要影响供货计划，供货不及时将影响现场安装进度，构件生产及运输需满足以下要求：

（1）构件生产厂家根据构件数量、构件生产难度、构件堆放场地、构件养护条件、生产单位的产能等提前确认生产计划，组织生产备货，准时供应成品构件。

（2）构件生产厂家确保构件生产质量且在发生严重质量缺陷时能及时更换同等构件。

（3）运输过程中采用运输防护架、木方、柔性垫片等成品保护措施。

（4）就近选择构件生产厂家，合理规划到施工现场的运输路线，评估路况，合理安排运输时间。

8. 施工场地的保证措施

由于装配式建筑工程在施工过程中各种车辆设备来往比较频繁，因此想要保证施工进度就必须做好施工场地的保障工作。

在施工作业正式开始前，根据具体的工程建设需求，清理施工场地，保证相关车辆设备能够顺利进入预定施工位置，并且要保证转场的便捷性，因此这对于施工现场内车辆通道的要求较高，应该做好前期清理以及施工过程中的管理保障工作。在施工场地的保障工作中，施工现场主要道路应采用C30以上混凝土硬化，路宽不宜小于6m，且转弯半径不宜小于12m，道路限高设置不宜低于5m。道路设计应该考虑到多种车辆设备同时在现场进行作业，要保障所有车辆设备在运转过程中互不干扰且转场过程中道路通畅。

在装配式建筑工程施工场地保障过程中尤为重要的一点是，道路应该考虑到备料堆放位置以及塔式起重机的具体覆盖范围，要保障不论是运载车辆还是施工作业车辆设备都能够在塔式起重机的实际作业范围内，这样才能够保障所有预制件在现场能够得到合理的分配和堆放，有效保障施工进度。

9. 技术方面的保证措施

（1）做好施工准备工作，制订切实可行的施工方案，科学合理地划分施工区段，采用流水节拍施工方法，实现小流水均衡节拍施工。

（2）为确保工程进度，提前应用 BIM 技术对预制构件的放置顺序进行分析，避免因预制构件放置顺序出错，导致返工。

第三节　装配式建筑施工项目成本管理知识

一、装配式建筑成本管理的任务、程序和措施

1. 装配式建筑成本管理的任务

装配式结构区别于现浇钢筋混凝土结构，其成本管理的任务是通过设计、生产、施工等多方面的管理有效控制及降低装配式建筑的生产成本与相应交易成本，提高资金收益。

2. 装配式建筑成本管理的程序

装配式建筑成本管理的程序主要分为设计阶段成本管理、预制构件加工阶段成本管理和施工阶段成本管理。

（1）设计阶段成本管理

设计阶段成本管理主要是对预制率及装配率的控制，根据地方政策与规划设计要求确定最优的装配式设计方案，有效控制建筑的装配率，从而控制装配式材料费的投入，在设计阶段有效控制成本。

（2）预制构件加工阶段成本管理

预制构件加工阶段成本管理要加强产业组织模式工业化，生产模式集成化、标准化，优化加工阶段成本控制体系，有效降低机械费、周转材料费和管理费，有效降低加工阶段的成本投入。

（3）施工阶段成本管理

施工阶段成本管理主要在于人员专业化、机械专业化。通过培训加强施工安装人员的

专业性，选用专业的机械设备，可有效缩短施工周期，加快施工进度，提高市场竞争力。

3. 装配式建筑成本管理的措施

（1）建立健全权威性的标准化体系

目前装配式构件发展呈现多元化趋势，在模数与构造等多方面，尚无统一的标准化的具体要求，应建立标准化体系，便于装配式建筑的成本管控。

（2）促进设计与施工流程的融合与协作

推进设计与施工的一体化、完全化模式，形成多样化、固定的合作模式，实施规模经济，降低建设成本。

二、装配式建筑成本管理

1. 装配式建筑成本的计划

装配式建筑成本计划是装配式建筑预计投入成本的一个总体资金投入计划，包括资金投入节点与资金投入数值，是一个全周期的成本管理计划。成本计划由人工费、材料费、机械费、周转料具费、管理费及其他费构成，各项费用应有详细的组价明细。

装配式建筑成本计划包括在计划周期内产品生产耗费和各种产品的成本水平以及可能存在的风险和对应风险采取的主要措施的成本指导方案。成本计划属于成本的事前管理，通过成本计划，分析实际成本与计划成本之间的差异，指出有待加强控制和改进的领域，达到评价有关部门业绩的目的，增产节约，从而促进项目发展。装配式建筑成本计划是指在成本预测和决策的基础上，根据计划期的生产任务、降低成本的要求及其相关资料，通过一定的程序，运用一定的方法，以货币计量形式表现计划期产品的生产耗费和各种产品的成本水平，作为控制与考核装配式建筑成本的重要依据。

2. 装配式建筑成本的控制

装配式建筑成本控制是保证装配式生产所用成本在预算估计范围内的工作。根据估算对实际成本进行检测，标记实际或潜在偏差，进行预测，并给出保持实际成本与目标成本相符的措施。主要包括：

（1）监督成本执行情况及发现实际成本与计划的偏离并进行控制。

（2）在进行成本控制时，还必须和其范围控制、进度控制、质量控制措施等相结合。

（3）根据实际的成本控制情况，及时调整成本计划。

3. 装配式建筑成本的核算

装配式建筑成本核算是指将项目在生产经营过程中发生的各种耗费按照一定的对象进行分配和归集，以计算总成本和单位成本。成本核算通常以货币为计算单位。成本核算是成本管理的重要组成部分，对于项目及企业的成本预测和经营决策等存在直接影响。进行成本核算，首先是审核生产经营管理费用，看其是否发生，是否应当发生，已发生的是否应当计入产品成本，实现对生产经营管理费用和产品成本直接的管理和控制。其次是对已发生的费用按照用途进行分配和归集，计算各种产品的总成本和单位成本，为成本管理提供真实的成本资料。

4. 装配式建筑成本的分析

装配式建筑成本分析是利用装配式建筑成本核算及其他有关资料，对成本水平与构成的变动情况，影响成本升降的各因素及其变动的原因进行研究，寻找降低成本的途径。它是装配式建筑成本管理工作的一个重要环节。对装配式建筑进行成本分析，有利于正确认识、掌握和运用成本变动的规律，实现降低成本的目标；有助于进行成本控制，正确评价成本计划完成情况，还可为制订成本计划、经营决策提供重要依据，指明成本管理工作的努力方向。

5. 装配式建筑成本的考核

公司财务管理部应每年对项目部的工程成本情况进行不少于一次的检查指导，并进行考核。

对项目部的成本核算方法是否符合规定、是否建立健全成本核算制度和各项基础工作、每一项成本费用支出是否都做到有据可依等方面进行考核，正确计算施工成本。

对项目部是否及时进行账务处理、报表编制、成本费用分析等方面进行核实，及时了解工程项目的盈亏情况，提出合理指导意见。

第四节　装配式建筑施工项目质量管理知识

一、装配式建筑建设工程质量管理控制

1. 装配式构件生产（构件厂）质量管理

（1）构件生产前应由构件厂进行深化设计，完善预制构件详图和施工装配详图，深化设计图需原设计单位确认。

（2）预制构件生产前，建设单位应组织设计、生产和施工单位进行交底。

（3）构件生产单位应设立"自检"和"专检"质检体系，以控制最终构件成品质量。

（4）构件生产选用的原材料应符合国家相关标准的规定，采购的原材料应检查质量证明文件，并应建立档案。原材料进场后应按照设计要求、技术标准及合同约定进行复验，

合格后方可使用。原材料入库前应进行验收，验收内容包括：

①厂家、品种、规格和数量等信息正确；

②质量证明文件齐全；

③包装方式应符合有关规定、合同要求；

④外观质量应符合要求。

（5）构件生产时预埋构件识别信息卡，通过扫描二维码信息可知道构件信息。信息卡内容可包括：构件型号及使用部位、混凝土强度及重量、生产日期、构件质量状态及验收人、钢筋规格和数量等。

（6）构件生产过程中要对每道工序进行检查验收，留存好构件生产过程验收合格的证明资料，并及时归档。

（7）生产出的首件构件要经过建设方、设计方、监理方、施工方、构件生产方共同验收，确认生产工艺和质量后，方可批量生产。

（8）生产完成的构件按规范要求及时进行结构性能检验并出具报告，出厂前还要进行检验验收，验收合格后方可入库或发往施工现场。

2. 装配式构件施工质量管理

（1）装配式结构施工前，施工单位应准确理解设计图纸的要求，掌握有关技术要求及细部构造，根据工程特点和施工规定，进行结构施工复核及验算，编制装配式结构专项施工方案。

（2）施工单位应校核预制构件深化加工图纸，对预制构件施工预留和预埋进行交底，根据装配式结构工程的管理和施工技术特点，对管理人员及作业人员进行专项培训。

（3）工厂生产的预制构件，进场时应检查其质量证明文件和信息卡标识。预制构件的质量、标识应符合设计要求及现行国家相关标准规定。预制构件的外观质量不应有严重缺陷，且不应有影响结构性能和安装、使用功能的尺寸偏差。为保证工程质量，在预制构件进场验收时对吊装预留吊环、预留栓接孔、灌浆套筒、电气预埋管、盒、键槽和粗糙面等质量进行全数检查。预制构件的外观质量缺陷根据其影响预制构件的结构性能和使用功能的严重程度，划分为严重缺陷和一般缺陷，如表4-1所示。

预制构件外观质量缺陷表 表4-1

名称	现象	严重缺陷	一般缺陷
漏筋	构件内钢筋未被混凝土包裹而外露	构件任何部位钢筋有露筋	—
蜂窝	混凝土表面缺少水泥砂浆而形成石子外露	构件主要受力部位有蜂窝	其他部位有少量蜂窝

续表

名称	现象	严重缺陷	一般缺陷
孔洞	混凝土中孔穴深度和长度均超过保护层厚度	构件任何部位有孔洞	—
夹渣	混凝土中夹有杂物且深度超过保护层厚度	构件主要受力部位有夹渣	其他部位有少量夹渣
疏松	混凝土中局部不密实	构件主要受力部位有疏松	其他部位有少量疏松
裂缝	缝隙从混凝土表面延伸至混凝土内部	有影响结构性能或使用功能的裂缝	构件主要受力部位之外的其他部位有少量不影响结构性能或使用功能的无害裂缝
连接部位缺陷	构件连接处混凝土缺陷；连接钢筋、连接件松动；插筋严重锈蚀、弯曲；灌浆套筒堵塞、偏位，灌浆孔堵塞、偏位、破损等	连接部位有影响结构传力性能的缺陷	连接部位有基本不影响结构传力性能的缺陷
外形缺陷	缺棱掉角、棱角不直、翘曲不平、飞边凸肋等；装饰面砖粘结不牢、表面不平、砖缝不顺直等	清水混凝土或具有装饰作用的混凝土构件有影响使用功能或装饰效果的外形缺陷	其他混凝土构件有不影响使用功能的外形缺陷
外表缺陷	构件表面气泡、麻面、掉皮、起砂、沾污等	具有重要装饰效果的清水混凝土构件有外表缺陷	其他混凝土构件有不影响使用功能的外表缺陷

资料来源：北京市地方标准《预制混凝土构件质量检验标准》DB11/T 968—2021 表 7.1.1。

（4）连接材料进场验收。

预制混凝土构件连接材料，例如钢筋接头灌浆料、钢筋连接用接头、钢筋连接用套筒、坐浆料、密封材料等应具有产品合格证等质量证明文件，并经进场复试合格后，方可用于工程。

①灌浆料及坐浆料进场验收：钢筋套筒灌浆连接接头采用的灌浆料应符合现行《装配式混凝土建筑技术标准》GB/T 51231、《钢筋连接用套筒灌浆料》JG/T 408 的规定。同种直径钢筋、同配合比灌浆料、每工作班灌浆接头施工时留置 1 组试件。按批检验，以每层为一个检验批，每工作班应制作 1 组且每层楼不应少于 3 组，试块规格为 40mm×40mm×160mm 的长方体灌浆料试件，标准养护 28d 后进行抗压强度试验。每工作班同一配合比应制作 1 组且每层楼不应少于 3 组边长为 70.7mm 的立方体接缝坐浆料试件，标准养护 28d 后进行抗压强度试验。

重点检查《使用说明书》《产品合格证》《产品质量检测报告》，三者所涉及灌浆料生产厂家、名称、规格、型号、生产日期等相关信息应互相统一。

②螺栓及连接件进场验收：装配式结构采用螺栓连接时应符合设计要求，并应符合现行国家标准《钢结构工程施工质量验收标准》GB 50205 的相关要求。

（5）钢筋定位模具验收。

钢筋定距定位器具是在叠合板混凝土浇筑前、后以及预制墙体安装前对待插入预制墙体的竖向钢筋进行定位的重要措施，在施工前项目部将根据设计图纸对不同墙体及不同安装部位的钢筋定位器具进行设计、制作，制作完成后，在使用前，对不同部位所使用钢筋定位器具的平面尺寸、孔洞大小、孔洞位置进行检验、校正，使之符合使用要求。

（6）预制构件的现场堆放。

①墙板采用靠放或独立三角支架立放，预制构件靠放则倾斜度应保持在 $80° \sim 90°$ 之间，倾斜不得小于 $80°$ 。

②构件分型号、分规格码放，每块板下放置两个通长垫木，垫木沿叠合板长向紧靠吊环位置放置，上下对齐、对正、垫平、垫实。不允许不同规格板重叠堆放。构件下部用木方垫离地面 100mm。

③叠合板堆放时，其间放置的垫木高度必须大于板上桁架筋高度，且木方所在位置必须在竖直方向上处于同一位置，避免上层构件与下层构件通过垫木形成支点而压坏构件。

④叠合板堆放必须严格按照设计好的堆放顺序堆放，构件堆放顺序自上而下尺寸依次增大，不得将大构件压在小构件上，避免形成受力不均，损坏构件。

（7）转换层施工。

①转换层施工重点在于控制竖向钢筋位置，通常采用定位钢板。在吊装完叠合板后进行放线，放出定位线及控制线；并在叠合板上面弹出插筋所在位置，根据定位线安装固定定位钢板，并根据控制线逐个排查定位钢板的位置准确性。

②安装转换层钢筋应满足设计图纸及规范要求，转换层钢筋安装时需预留一定长度，转换层混凝土浇筑完成后，统一使用水准仪测量标高，并使用无齿锯切割钢筋，切割完成的钢筋应满足图 4-1 所示的长度（L）要求。

③混凝土浇筑后对预制墙体位置放线，校核墙体插筋位置，两次放线是为确保插筋位置准确。

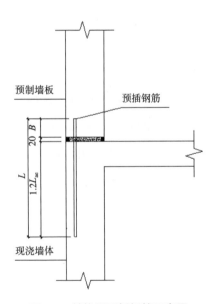

图 4-1　转换层预插钢筋示意图

注：插筋长度 $L=1.2L_{ae}+20mm+B$。其中，L_{ae} 为钢筋锚固长度，20mm 为墙体构件与顶板的调整高度，$B \geq 8d$（d 为钢筋直径）。

二、装配式建筑工程质量验收

1. 预制构件进场验收

（1）进入现场的预制构件必须进行验收，其外观质量、尺寸偏差及结构性能应符合设计要求，检查预制构件的尺寸偏差及检验方法应符合表4-2的规定。

预制构件尺寸的允许偏差及检验方法　　　　　　　　　　　　表 4-2

项目			允许偏差（mm）	检验方法
长度	楼板、梁、柱、桁架	＜ 12m	± 5	尺量检查
		≥ 12m 且 ＜ 18m	± 10	
		≥ 18m	± 20	
	墙板		± 4	
宽度、高（厚）度	楼板、梁、柱、桁架		± 5	尺量一端及中部，取其中偏差绝对值较大处
	墙板		± 4	
表面平整度	楼板、梁、柱、墙板内表面		4	2m 靠尺和塞尺量测
	墙板		3	
侧向弯曲	楼板、梁、柱		$L/750$ 且 ≤ 20	拉线、直尺量测最大侧向弯曲处
	墙板、桁架		$L/1000$ 且 ≤ 20	
翘曲	楼板		$L/750$	调平尺在两端量测
	墙板		$L/1000$	
对角线	楼板		6	钢尺量两个对角线
	墙板		5	
预留孔	中心线位置		5	尺量检查
	孔尺寸		± 5	
预留洞	中心线位置		5	尺量检查
	洞口尺寸		± 5	
预埋件	预埋板中心线位置		5	尺量检查
	预埋板与混凝土面平面高差		± 5	
	预埋螺栓、预埋套筒中心位置		2	尺量检查
	预埋螺栓外露长度		+10，−5	
	桁架钢筋高度		+5，0	尺量检查
键槽	中心线位置		5	尺量检查
	长度、宽度		± 5	
	深度		± 5	
	连接钢筋外露长度		± 10，0	尺量检查

注：1. L 为构件长度（mm）。

　　2. 检查中心线、螺栓和孔洞位置偏差时，应沿纵、横两个方向量测，并取其中偏差较大值。

资料来源：北京市地方标准《装配式混凝土结构工程施工与质量验收规程》DB11/T 1030—2021 表 8.5.7。

（2）进场构件的埋件、插筋和预留孔洞的规格、位置和数量应符合设计图纸及深化图纸要求。

（3）预制构件的外观质量不应有严重缺陷，对已经出现的缺陷，应按技术处理方案进行处理，并重新检查验收；预制构件的外观质量不宜有一般缺陷，对已经出现的一般缺陷，应按技术处理方案进行处理，并重新检查验收。

2. 预制构件施工质量验收

1）构件安装前，应认真核对构件型号、规格及数量，保证构件安装部位准确无误。

2）用于构件检查和验收的检测仪器应经检验合格方可使用，精密仪器，如经纬仪和水平仪等应通过国家计量局或相关单位检验。

3）预制构件采用直螺纹钢筋灌浆套筒连接时，钢筋的直螺纹连接应符合现行行业标准《钢筋机械连接技术规程》JGJ 107 的规定，钢筋套筒灌浆接头应符合设计要求及有关标准规定。同一牌号和规格的钢筋，灌浆前制作 3 个平行试件。装配式结构后浇混凝土中连接钢筋、预埋件安装位置的允许偏差及检验方法应符合表 4-3 的规定。

连接钢筋、预埋件安装位置的允许偏差及检验方法　　　　　　　表 4-3

项目		允许偏差（mm）	检验方法
连接钢筋	中心线位置	5	尺量检查
	长度	±10	
灌浆套筒连接钢筋	中心线位置	2	宜用专用定位模具整体检查
	长度	3，0	尺量检查
安装用预埋件	中心线位置	3	尺量检查
	水平偏差	3，0	尺量和塞尺检查
斜支撑预埋件	中心线位置	±10	尺量检查
普通预埋件	中心线位置	5	尺量检查
	水平偏差	3，0	尺量和塞尺检查

注：在同一检验批内，对梁和柱，应抽查构件数量的 10%，且不少于 3 件；对墙和板，应按有代表性的自然间抽查 10%，且不少于 3 间。

资料来源：北京市地方标准《装配式混凝土结构工程施工与质量验收规程》DB11/T 1030—2021 表 8.3.3。

4）装配式结构安装完毕后，装配式混凝土结构安装尺寸的允许偏差及检验方法应符合表 4-4 的要求。

5）装配混凝土结构隐蔽工程质量验收项目。

（1）预制构件与后浇混凝土结构连接处混凝土的粗糙面或键槽。

（2）后浇混凝土中钢筋的牌号、规格、数量、位置、锚固长度。

装配式混凝土结构安装尺寸的允许偏差及检验方法　　　表 4-4

项目			允许偏差（mm）	检验方法
构件中心线对轴线位置	基础		15	经纬仪及尺量
	竖向构件（柱、墙板、桁架）		8	
	水平构件（梁、楼板）		5	
构件标高	梁、柱、墙、板底面或顶面		±5	水准仪或拉线、尺量
	柱、墙板顶面		±3	
构件垂直度	柱、墙	≤6m	5	经纬仪或吊线、尺量
		>6m	10	
构件倾斜度	梁、桁架		5	垂线、尺量检查
相邻构件平整度	梁、楼板下面	抹灰	5	钢尺、塞尺量测
		不抹灰	3	
	柱、墙板侧表面	外露	5	
		不外露	10	
构件搁置长度	梁、板		±10	尺量检查
支座、支垫中心位置	板、梁、柱、桁架		±10	尺量检查
墙板接缝宽度			±5	尺量检查

注：按楼层、结构缝或施工段划分检验批。在同一检验批内，对梁、柱，应抽查构件数量的10%，且不少于3件；对墙和板，应按有代表性的自然间抽查10%，且不少于3间；对大空间结构，墙可按相邻轴线间高度5m左右划分检查面，板可按纵、横轴线划分检查面，抽查10%，且均不少于3面。

资料来源：北京市地方标准《装配式混凝土结构工程施工与质量验收规程》DB11/T 1030—2021 表8.6.11。

（3）结构预埋件、螺栓连接、预留专业管线的数量与位置。

6）装配式结构工程质量验收时，应提交下列文件与记录。

（1）工程设计单位已确认的预制构件深化设计图、设计变更文件。

（2）装配式结构工程所用主要材料及预制构件的各种相关质量证明文件。

（3）预制构件安装施工验收记录。

（4）钢筋套筒灌浆连接的施工检验记录。

（5）连接构造节点的隐蔽工程检查验收文件。

（6）叠合构件和节点的后浇混凝土或灌浆料强度检测报告。

（7）密封材料及接缝防水检测报告。

（8）分项工程验收记录。

（9）工程重大质量问题的处理方案和验收记录。

（10）其他文件与记录。

三、装配式建筑工程质量事故处理

1. 预制构件产品的主要质量问题

（1）预制墙板表面存在蜂窝、麻面，影响构件外观质量。

（2）预制叠合板缺棱掉角，截面尺寸偏差超过规范允许限值。

（3）预制构件墙板水电预留线盒翘起，位置不准确或未留设。

（4）预制构架外漏钢筋弯折和位移。

2. 预制构件施工的主要质量问题

（1）预制墙板安装精度不达标，安装位置及垂直度超过规范允许值。

（2）预制墙板封边不严密，灌浆不饱满。

（3）预制墙板、叠合板安装位置错误。

（4）预制墙板间暗柱钢筋绑扎不满足规范要求。

3. 预制构件产品、施工质量问题处理及控制措施

（1）蜂窝、麻面、夹渣、疏松和外表缺陷，应认真凿除周边软弱部分混凝土至密实部分，修补应采用比原混凝土强度等级高一级的细石混凝土。

（2）预制墙板构件小于 5mm×5mm 的掉角，用粘贴补修剂补修完整。

（3）严格按照构件厂上报审批完成的《预制构件技术处理修补方案》进行构件缺陷处理，对严重质量缺陷的构件按返厂处理。

（4）加强构件生产的过程验收和质量检测，配置合理的机械设备。

（5）完善装配式结构的施工工艺，加强对工人的教育培训管理。

（6）施工前对作业工人进行技术交底，加强过程的质量验收。

第五节　装配式建筑资料管理

一、装配式建筑施工资料的编制

1. 施工资料

（1）C1 施工管理资料。

（2）C2 施工技术资料。

（3）C3 施工测量记录。

（4）C4 施工物资资料。

（5）C5 施工记录资料。

（6）C6 施工试验资料。

（7）C7 过程验收资料。

（8）C8 工程竣工质量验收资料。

2. 资料内容及管理

1）C1 施工管理资料

C1 施工管理资料包括：总施工进度计划、年度施工进度计划、季度施工进度计划、月施工进度计划及周进度计划。施工日记应记录：机械、设备使用及维修情况；当天施工内容，部位实际完成情况；施工有关会议主要内容；建设及监理单位提出的技术、质量、安全、进度要求、意见；施工质量（部位、工序）验收；试块制作情况。材料进场、送检情况等施工日志资料要存档。试验检测商品混凝土、钢筋直螺纹加工、防水施工单位等分包单位资质及总承包方的人员证书及企业资质文件，钢筋直螺纹加工、防水施工操作等特殊工种上岗证书、证件应在有效期内。

2）C2 施工技术资料

C2 施工技术资料包括：施工组织设计及施工方案、技术交底记录、图纸会审记录、设计变更通知单、工程洽商变更记录。施工组织设计交底、施工方案交底、施工作业交底这三类分层进行，要有人员交底签名记录且不能代签。

施工组织设计、施工方案、专项施工方案应有符合规定的审批，报项目监理机构批准后施工。设计交底与图纸会审记录应按专业汇总整理，由相关各方签字确认。装配式结构施工前应制订施工组织设计、施工方案；施工组织设计的内容应符合现行国家标准《建筑施工组织设计规范》GB/T 50502 的规定，施工方案的内容应包括构件安装及节点施工方案、构件安装的质量管理及安全措施等。

3）C3 施工测量记录

（1）工程定位测量记录

依据建设单位提供的有相应测绘资质等级部门出具的测绘成果、单位工程楼座定位桩及场地控制网（或建筑物控制网），测定建筑物平面位置、主控轴线及建筑物 ±0.000 标高的绝对高程，填写工程定位测量依据建设单位提供的有相应测绘资质等级部门出具的测绘成果、单位工程楼座定位桩及场地控制网（或建筑物控制记录）。定位抄测示意图要求应标注指北针方向。

（2）基槽平面及标高实测记录

基底外轮廓线及外轮廓断面；垫层标高；集水坑、电梯井坑等垫层标高、位置、"基槽平面、剖面简图"栏，应标明平面（建筑物基底外轮廓线位置、重要控制轴线、尺寸、集水坑、电梯井坑等）、剖面（垫层标高、放坡边线、坡度、基槽断面尺寸、控制轴线、基槽上口线、下口线、轴线、建筑物外边线等）及指北针方向。最外侧到坡底的距离应注明上口标高、绝对标高和相对标高。同时应说明集水坑、电梯井、设备基坑等具体位置。

（3）楼层平面放线及标高实测记录

楼层平面及标高实测记录内容包括轴线竖向投测、各层细部轴线、结构外廓线偏差、墙柱轴线、边线、门窗洞口位置线等，并标明内控点或外控点位置。在首层楼层平面放线及标高实测记录中应标明内控点如何传递。

（4）楼层平面标高抄测记录

楼层标高抄测内容包括楼层建筑 +1.000m 水平控制线、门洞口标高控制线。

（5）建筑物全高垂直度、标高测量记录

结构工程完成后和工程竣工时，应对建筑物外轮廓垂直度和全高进行测量，由专业监理工程师进行验收。

（6）变形观测记录

应由建设单位委托有资质的测量单位进行变形监测并形成报告。

4）C4 施工物资资料

施工物资资料的主要内容包括：材料进场要有产品质量合格证、型式检验报告、性能检测报告、生产许可证、商检证明、中国强制认证（CCC）证书、型式认可证书、计量设备检定证书。物资进场有复试要求的要做复试，复试项目、复试组数、复试结果应符合有关规范和设计要求。材料及构配件要有合格证、厂家资质营业执照。各类物资质量证明文件要齐全有效。厂家提供的物资出厂合格证内容填写要齐全，各种检测报告（出厂检验、型式检验、物理性能、环保性能）检测项目齐全、有效，涉及生产许可、中国强制认证（CCC）、型式认可的物资，须有行政管理部门认可的相应文件，质量证明文件的复印件要求加盖单位红色公章。

钢筋的要求：进场的每批钢筋的炉牌号（吊牌）应收集齐全，并应与钢筋的质量证明文件对应一致，进场数量要注明。

商品混凝土运输单的要求：混凝土小票，记录四个时刻（①出站时刻；②到场时刻；③浇筑开始时刻；④浇筑完成时刻），计算出每一车总耗用时间，以验证商品混凝土供应速度是否符合合同要求。

装配式预制构件进场要检查构件型号、数量、尺寸，并做好预制构件进场检查记录。安装时要有专业人员做好吊装记录。预制构件进场时要检查预制构件出厂合格证、混凝土抗压试验报告（100%厂家自检）以及专业实验室出具的混凝土抗压试验报告（30%抽检），预制构件生产过程中需要用到的每批钢筋的炉牌号（吊牌）以及钢材试验报告收集齐全，并应与钢筋的质量证明文件对应一致。进场数量要注明。收集生产预制构件时需要的碎石、河砂、粉煤灰、水泥、外加剂等物资的产品质量合格证、型式检验报告、性能检测报告以及试验报告，检查预制构件的型式检验报告。

套筒灌浆料应由灌浆接头提供单位负责与灌浆套筒配套提供，必须作防扰动、28d抗压强度试验，复试强度符合现行行业标准《钢筋连接用套筒灌浆料》JG/T 408的要求。

封锚砂浆必须做1d、28d抗压强度试验，抗压强度符合现行国家标准《水泥胶砂强度检验方法（ISO法）》GB/T 17671的要求，扩展度符合现行国家标准《水泥胶砂流动度测定方法》GB/T 2419的要求。

直螺纹灌浆套筒需作现场检验，试验应符合现行《钢筋机械连接技术规程》JGJ 107的要求；夹心墙板类构件进场前需作GFRP保温墙连接件抗拉性能试验，试验应符合现行《混凝土结构后锚固技术规程》JGJ 145的要求。

夹心保温外墙板进场前，其中的保温材料需作传热系数、体积比吸水率试验，燃烧性能不低于现行国家标准《建筑材料及制品燃烧性能分级》GB 8624中B_2级的要求，夹心外墙板接缝处填充用的保温材料的燃烧性能应满足现行国家标准《建筑材料及制品燃烧性能分级》GB 8624中A级的要求。外墙板接缝处的密封材料硅酮、聚氨酯、聚硫建筑密封胶应分别符合现行国家标准《硅酮和改性硅酮建筑密封胶》GB/T 14683、《聚氨酯建筑密封胶》JC/T 482、《聚硫建筑密封胶》JC/T 483的规定。

现场灌浆要有灌浆专业人员持证上岗操作，并留存影像资料和灌浆施工检查记录。

5）C5施工记录资料

在施工过程中形成的各种内部检查记录统称施工记录。

施工记录主要内容有：隐蔽工程验收记录、交接检查记录、地基验槽记录、地基处理记录、地基钎探记录、桩施工记录、混凝土浇灌申请书、混凝土养护测温记录、构件吊装记录、预应力筋张拉记录等。

隐蔽工程验收记录主要有以下分项内容：

①钢筋绑扎：墙和板分开写资料；

②钢筋连接：墙和板分开写资料；

③地下防水工程：卷材防水基层、卷材防水附加层、卷材防水一层、二层和细部；

④混凝土：施工缝（地下隐蔽、地上预检）、变形缝、后浇带、穿墙管和预埋件；

⑤施工记录（通用）包括以下内容：

钢筋加工记录：箍筋、弯钩筋、梯子筋、定位框、马凳铁，需要作施工记录；钢筋螺纹加工现场检查记录；模板安装：墙和板分开写施工记录。

（1）现浇结构钢筋隐蔽资料

现浇结构钢筋隐蔽资料应包括以下内容：

①钢筋的牌号、规格、数量、位置、间距等；

②纵向受力钢筋的连接方式，接头位置，接头数量，接头面积百分率、搭接长度等；

③纵向受力钢筋的锚固方式及长度；

④箍筋、横向钢筋的牌号、规格、数量、位置、间距，箍筋弯钩的弯折角度及平直段长度；

⑤预埋件的规格、数量和位置；

⑥垫块安装，钢筋除锈、浮浆清理等。

（2）装配式结构的后浇混凝土部位在浇筑前的隐蔽资料

装配式结构的后浇混凝土部位在浇筑前应进行隐蔽工程验收，验收项目包括以下内容：

①钢筋的牌号、规格、数量、位置、间距等；

②纵向受力钢筋的连接方式，接头位置，接头数量，接头面积百分率、搭接长度等；

③纵向受力钢筋的锚固方式及长度；

④箍筋、横向钢筋的牌号、规格、数量、位置、间距，箍筋弯钩的弯折角度及平直段长度；

⑤预埋件的规格、数量、位置；

⑥混凝土粗糙面的质量，键槽的规格、数量、位置；

⑦预留管线、线盒等的规格、数量、位置及固定措施；

⑧预制构件应与主体构件可靠连接，预制构件与主体结构的连接方式等；

⑨现场预留套筒钢筋长度、规格、位置，根据灌浆套筒厂家提供的数据确定不同规格钢筋需锚入套筒内的长度；

⑩预制墙体拼缝处应进行保温隐蔽验收，验收内容包括材料的材质、规格型号、复试报告编号、是否紧密拼严等；

⑪阳角 PCF 板处连接方式是否符合图纸及设计要求。

（3）预制混凝土夹心保温外墙板隐蔽资料

中间夹有保温层的预制混凝土外墙板进场前需要作隐蔽工程验收，验收项目包括以下内容：

①保温材料的材质、规格型号、复试报告编号等；

②保温材料的固定方式、粘贴顺序；

③保温材料是否错缝粘贴，是否紧密拼严，拼缝是否平整，阴阳角是否做错茬处理。

（4）预制混凝土构件隐蔽资料

预制混凝土构件进场前需要作隐蔽工程验收，验收项目包括以下内容：

①钢筋的牌号、规格、数量、位置、间距等；

②灌浆套筒位置、数量及与灌浆孔软管连接处是否严密；

③吊环的位置及与钢筋的连接方式；

④桁架钢筋布置方式；

⑤空调板及楼梯钢筋布置方式；

⑥外墙、内墙及 PCF 板钢筋布置方式；

⑦混凝土保护层厚度、垫块安装，钢筋除锈、浮浆清理等。

（5）预制构件吊装记录（详见表 4-5）

①吊装记录要按照吊装的先后顺序对每一段的构件作记录；

②注明构件使用部位、构件名称及编号、安装位置、搁置及搭接长度、接头处理、固定方法、标高等。

（6）装配式结构套筒灌浆申请书（详见表 4-6）

①填写计划灌浆时间、申请灌浆部位、灌浆料生产厂家、灌浆料生产日期、灌浆料进场复试报告编号、灌浆类别、灌浆单位、作业环境等；

②查看预制墙体安装验收情况；灌浆分仓砂浆封堵严密、牢固；大气环境温度、套筒温度；灌浆人员、机具、材料准备情况；升温、保温及应急措施准备等。

（7）构件灌浆施工检查记录（详见表 4-7）

①灌浆记录要留有影像资料；

②注明构件编号、灌浆料批号、环境温度、材料温度、水温、浆料温度、搅拌时间、水料比、流动度、使用灌浆料总量；

③记录人员根据构件灌、排浆口位置和数量画出示意图，检验后将结果在图中相应灌、排浆口位置作标识，合格的打"√"，不合格的打"×"，并在备注栏加以标注。

6）C6 施工试验资料

施工试验资料（C6）包括：回填土密实度、基桩性能、钢筋连接、埋件（植筋）拉拔、混凝土（砂浆）性能、饰面砖拉拔、钢结构焊缝质量检测及水暖、机电系统运转测试等，其内容和要求应符合相关专业验收规范、施工规范和设计文件的规定，并应符合以下要求：

（1）施工试验资料应符合相关专业验收规范及施工技术标准的要求。施工试验不合格时，应有处理记录。

（2）回填土密实度应符合设计和施工方案要求，无要求时压实系数不应小于0.93。

（3）混凝土强度检验评定记录（表C6-10）应符合现行国家标准《混凝土结构工程施工质量验收规范》GB 50204和《混凝土强度检验评定标准》GB/T 50107的规定。评定周期、检验批容量、采用的评定方法和评定结果等均应在资料中列明。

7）C7过程验收资料

（1）板类构件成品检验记录（详见表4-8）

①预埋件、插筋、预留孔洞等预留预埋的规格、位置、数量；

②检查预制构件外观质量是否有缺陷；

③检查预制结构构件尺寸的偏差，包括预制构件长度、宽度、高（厚）度、侧向弯曲、翘曲、对角线差、预留孔洞的中心线位置及孔洞尺寸、预埋件中心线位置、桁架钢筋长度、高度、线盒中心位置偏移、外露钢筋尺寸等。

（2）墙板类构件质量检验记录（详见表4-9）

①预埋件、预留孔洞、预留筋规格、位置、数量；

②检查预制构件的外观质量；

③检查外叶窗、内叶窗、门窗洞口的高、宽、厚、对角线位置偏差；

④检查外墙外表面平整度、侧向弯曲、扭翘、门窗口内侧平整度等；

⑤检查预留孔洞的中心线位置及孔洞尺寸、预埋件中心线位置、套筒位置、套筒钢筋位置等；

⑥检查预制构件粗糙面深度。

（3）板类、墙板类构件模具检查记录（详见表4-10）

①检查底模质量、模具的材料和配件质量、模具部件和预埋件的连接固定、模具缝隙是否漏浆、模具内杂物清理、涂刷隔离剂情况等；

②检查墙板、其他板的尺寸偏差及表面平整度；

③检查拼缝表面高低差、门窗口位置偏移等；

④检查预埋件、预留孔、预埋螺栓中心线位置偏移；

⑤如不合格品，则要有不合格品复查返修记录。

（4）流水线模台运行记录（详见表4-11）

①记录模具清理，刷脱模油、缓凝剂，组模，钢筋绑扎，预埋件安装，收面拉毛，窑内蒸养开始及结束时间；

②记录混凝土浇筑时的坍落度、振动时间；

③记录拆模、脱模起吊及成品检验的开始及结束时间。

（5）固定模台运行记录（详见表4-12）

①记录模具清理，刷脱模油、缓凝剂，组洞口模、外叶侧模，预埋件安装的开始及结束时间；

②记录浇筑外叶、保温板铺设、内叶钢筋组模、埋件安装的开始及结束时间；

③记录浇筑内叶、收面、蒸养、拆模、脱模起吊、成品检验的开始及结束时间。

（6）对比全现浇工程，装配式混凝土结构增加的验收表格

①装配式结构模板与支撑检验批质量验收记录（详见表4-13）

应注明：

a. 预制构件安装临时固定支撑是否牢固；

b. 轴线位置、底模上表面标高、截面内部尺寸、层高垂直度、相邻两板表面高低差尺寸偏差数据；

c. 表面平整度等。

②装配式结构钢筋检验批质量验收记录（详见表4-14）

应注明：

a. 预制构件采用直螺纹钢筋灌浆套筒连接时，钢筋的直螺纹连接应符合现行行业标准《钢筋机械连接技术规程》JGJ 107的规定，钢筋套筒灌浆接头应符合设计要求及有关标准规定；

b. 连接钢筋、预埋件安装位置的允许偏差，检查预埋件中心线位置时要沿纵、横两个方向测量并取其中最大值。

③装配式结构混凝土检验批质量验收记录（详见表4-15）

应注明：

a. 装配式结构安装连接节点和连接接缝部位的后浇筑混凝土强度（28d混凝土抗压强度试验报告）应符合设计要求；

b. 装配式结构后浇混凝土的外观质量是否有缺陷。

④装配式结构预制构件安装检验批质量验收记录（详见表4-16）

应注明：

a. 对工厂生产的预制构件，进场时应检查其质量证明文件和表面标识是否齐全有效；

b. 预制构件的外观质量不应有严重缺陷；

c. 预制构件采用焊接或螺栓连接时，连接材料的性能及施工质量应符合设计要求及相关技术标准规定；

d. 装配式结构预制构件连接接缝处防水材料应有合格证、厂家检测报告及复试报告；

e. 检查预制结构构件尺寸的偏差，包括预制构件长度、宽度、高（厚）度、表面平整度、侧向弯曲、翘曲、对角线差、预留孔洞的中心线位置及孔洞尺寸、预埋件中心线位置、桁架钢筋高度等；

f. 装配式结构预制构件的粗糙面或键槽是否符合设计要求；

g. 装配式结构钢筋连接套筒灌浆应饱满；

h. 预制构件安装尺寸的允许偏差，包括预制构件安装时构件中心线对轴线位置、构件标高、构件垂直度、构件倾斜度、相邻构件平整度、构件搁置长度、支座、支垫中心位置、接缝宽度等；

i. 装配式结构预制构件的防水节点构造做法应符合设计要求。

⑤首段预制构件安装后应对预制构件进行验收（详见表 4-17）

a. 预制构件进场物资及试验报告是否齐全；

b. 预制构件的外形尺寸及外观质量是否符合设计要求；

c. 支撑体系应符合规范要求；

d. 预留孔洞应符合规范要求；

e. 预埋件的规格型号、中心位置及外露长度应符合设计要求；

f. 预制构件的安装位置及标高应满足图纸要求，偏差在允许范围内。

在进行上述表格填写时，参见《装配式混凝土结构工程施工与质量验收规程》DB11/T 1030—2021 相关条款的规定。

预制构件吊装记录 表 4-5

构件吊装记录表 C5-10						资料编号	
工程名称						施工单位	
使用部位						吊装日期	年　月　日
序号	构件名称及编号	安装位置	安装检查				备注
			搁置与搭接尺寸	接头（点）处理	固定方法	标高检查	

结论：

续表

签字栏	专业技术负责人	专业质检员	记录人
制表日期	年　月　日		

本表由施工单位填写。

装配式结构套筒灌浆申请书　　　　表 4-6

装配式结构套筒灌浆申请书		资料编号	
工程名称		计划灌浆时间	年　月　日　时
申请灌浆部位		作业环境	□常温　□低温　□高温
灌浆料生产厂家		灌浆料类别	□常温　□低温
灌浆料生产日期		灌浆料进场复试编号	
灌浆单位		现场负责人	

依据：施工图纸（施工图纸号）、有关规范、规程、施工方案、施工技术交底

施工准备检查	专业工长（质量员）签字	备注
1. 预制墙体安装验收：□已　　□未完成		
2. 灌浆分仓砂浆封堵严密、牢固：□已　　□未完成		
3. 大气环境温度（　　）空腔温度（　　）套筒温度（　　）		
4. 灌浆人员、机具、材料准备：□已　　□未完成		
5. 升温、保温及应急措施准备：□已　　□未完成		

审批意见：

审批结论：□同意灌浆　　□不同意，整改后重新申请

施工单位名称：	技术负责人：	日期：
监理单位名称：	监理工程师：	日期：

构件灌浆施工检查记录　　　　表 4-7

编号：

工程名称		施工部位（构件编号）		
施工日期	年　月　日　时	灌浆料批号		
环境温度		使用灌浆料总量		

续表

材料温度		水温		浆料温度	（不高于30℃）
搅拌时间		流动度		水料比（加水率）	
检查结果					
灌浆口、排浆口示意图					
备注					
施工单位	灌浆作业人员	施工专职检验人员		监理单位	监理人员

注：记录人根据构件灌、排浆口位置和数量画出草图（表中图为参考），检验后将结果在图中相应灌、排浆口位置作标识，合格的打"√"，不合格的打"×"，并在备注栏加以标注。

板类构件成品检验记录　　　　　　　　　　表 4-8

记录编号：

工程名称		构件型号	
生产班组		质检员	
检查项目	质量检验标准的规定	允许偏差（mm）	实测数据
预埋件、插筋、预留孔等预留预埋的规格、位置、数量			
预制构件的严重缺陷			
预制构件的外观质量			
桁架筋	上弦筋长度	±5	
	下弦筋长度	±5	
构件尺寸	长	±3	
	宽	0，−3	
	厚	±2	
	对角线	△4	
	侧向弯曲	$L/1000$ 且 ≤4	
预留孔洞中心位置偏移			
预埋铁件中心位置偏移			

续表

线盒中心位置偏移							

外露钢筋尺寸	上			左		
	下			右		

主筋保护层	5，－3					
芯片						

验收结论：

墙板类构件质量检验记录 表 4-9

记录编号：

工程名称				构件编号					
生产班组				质检员					
检查项目	质量检验标准的规定			检验记录					
主控项目	预埋件、预留孔洞、预留筋规格、数量、位置								
	预制构件外观质量								
	预制构件严重缺陷								
一般项目	允许偏差（mm）			实测数据					
	外叶墙	高	±3						
		宽	±3						
		厚	±2						
		对角线	△5						
	内叶墙	高	±3						
		宽	±3						
		厚	±2						
		对角线	△5						
	门窗洞口	高	±4						
		宽	±4						
		对角线	△4						
		相对位置	△3						
	外墙外表面平整度		△2						

续表

一般项目	侧向弯曲		$L/1000$ 且 ≤ 5				
	扭翘		$L/1000$ 且 ≤ 5				
	门窗口内侧平整度		2				
	预埋件	中心位置偏移	3				
		平面高差	0, −2				
	预留孔洞	规格尺寸	±3				
		中心位置偏移	3				
	套筒位置		±2				
	套筒钢筋位置		±2				
	外露钢筋	顶面	5, −2				
		左面	5, −2				
		右面	5, −2				
	粗糙面深度		≤ 6				

不合格品返修记录：	生产单位检验结果：　　年　月　日

板类、墙板类构件模具检查记录　　　　表 4-10

记录编号：

工程名称				构件模具编号	
生产班组				检验员	
检查项目				生产单位检验记录	
主控项目	4.2.1		底模质量		
	4.2.2		模具材料和配件质量		
	4.2.3		模具部件和预埋件的连接固定		
	4.2.4		模具的缝隙应不漏浆		
	4.3.1		模具内杂物清理，涂刷隔离剂		
一般项目	允许偏差（mm）	长（高）	墙板	0, −2	
			其他板	±2	
		宽		0, −2	
		厚		±1	
		翼板厚		±2	
		肋宽、檐高、檐宽		±2	
		对角线差		△ 4	
		表面平整度		清水面 △ 1	
				普通面 △ 2	
		侧向	板	$L/1000$ 且 ≤ 4	

一般项目	允许偏差（mm）	弯曲	墙板	$L/1500$ 且 $\leqslant 2$			
		扭翘		$L/1500$			
		拼板表面高低差		0.5			
		门窗口位置偏移		2			
		中心位置偏移	预埋件、预留孔	3			
			预埋螺栓、螺母	2			
	不合格品复查返修记录						

流水线模台运行记录　　　　　　　　表 4-11

承包队：　　　　　　　　　　　　　　　　　　记录编号：
模台编号：　　　　　　　　　　　　　　　　　生产日期：　年　月　日
构件清单：

工序	开始时间	结束时间	备注	责任人签字
1. 模具清理				
2. 刷脱模油、缓凝剂				
3. 组模				
4. 钢筋绑扎				
5. 预埋件安装				
6. 隐检				
7. 浇筑			坍落度： cm；振动时间： min	
8. 收面拉毛				
9. 模具清理				
10. 窑内蒸养				
11. 拆模、标识				
12. 脱模起吊、成品检验				

固定式模台运行记录　　　　　　　　表 4-12

承包队：　　　　　　　　　　　　　　　　　　记录编号：
模台编号：　　　　　　　　　　　　　　　　　生产日期：　年　月　日
构件清单：

工序	开始时间	结束时间	备注	责任人签字
1. 模具清理				
2. 刷脱模油、缓凝剂				
3. 组洞口模、外叶侧模				
4. 预埋件安装				
5. 隐检一				

工序	开始时间	结束时间	备注	责任人签字
6. 浇筑外叶			坍落度： cm； 振动时间： min	
7. 保温板铺设				
8. 内叶钢筋组模、埋件安装				
9. 隐检二				
10. 浇筑内叶、收面、窗帘				
11. 蒸养				
12. 拆模、标识				
13. 脱模起吊、成品检验				

装配式结构模板与支撑检验批质量验收记录

表 4-13
02010601

单位（子单位） 工程名称			分部（子分部） 工程名称	主体结构 / 混凝土结构	分项工程名称	装配式结构
施工单位			项目负责人		检验批容量	
分包单位			分包单位负责人		检验批部位	
施工依据					验收依据	

主控项目		验收项目			设计要求及 规范规定	最小 / 实际 抽样数量	检查记录	检查结果
主控项目	1	预制构件安装临时固定支撑						
一般项目	1	模板安装允许偏差（mm）	轴线位置		5			
			底模上表面标高		±5			
			截面内部尺寸	柱、梁	4，-5			
				墙	2，-3			
			层高垂直度	不大于5m	6			
				大于5m	8			
			相邻两板表面高低差		2			
			表面平整度		5			

施工单位检查结果	所查项目全部合格 专业工长： 项目专业质量检查员： 年 月 日
监理单位验收结论	专业监理工程师： 年 月 日

注：检查轴线位置时应沿纵、横两个方向测，并取其中的较大值。

本表由施工单位填写。

装配式结构钢筋检验批质量验收记录

表 4-14

02010602

单位（子单位）工程名称				分部（子分部）工程名称	主体结构／混凝土结构	分项工程名称	装配式结构
施工单位				项目负责人		检验批容量	
分包单位				分包单位项目负责人		检验批部位	
施工依据					验收依据		

主控项目		验收项目			设计要求及规范规定	最小／实际抽样数量	检查记录	检查结果
	1	预制构件采用直螺纹钢筋灌浆套筒连接时，钢筋的直螺纹连接						
一般项目	1	连接钢筋、预埋件安装位置的允许偏差（mm）	连接钢筋	中心线位置	5			
				长度	±10			
			灌装套筒连接钢筋	中心线位置	2			
				长度	3.0			
			安装用预埋件	中心线位置	3			
				水平偏差	3			
			斜支撑预埋件	中心线位置	±10			
			普通预埋件	中心线位置	5			
				水平偏差	3.0			

施工单位检查结果	所查项目全部合格 专业工长： 项目专业质量检查员： 年 月 日
监理单位验收结论	专业监理工程师： 年 月 日

装配式结构混凝土检验批质量验收记录

表 4-15

0201603

单位（子单位）工程名称		分部（子分部）工程名称	主体结构／混凝土结构	分项工程名称	装配式结构
施工单位		项目负责人		检验批容量	
分包单位		分包单位负责人		检验批部位	
施工依据			验收依据		

主控项目		验收项目	设计要求及规范规定	最小／实际抽样数量	检查记录	检查结果
	1	装配式结构安装连接节点和连接接缝部位的后浇筑混凝土强度				

续表

主控项目	2	装配式结构后浇混凝土的外观质量不应有严重缺陷				
一般项目	1	装配式结构后浇混凝土的外观质量不宜有一般缺陷				
施工单位检查结果	所查项目全部合格		专业工长： 项目专业质量检查员： 年 月 日			
监理单位验收结论			专业监理工程师： 年 月 日			

注：检查预埋件中心线位置时，应沿纵、横两个方向量测，并取其中较大值。
本表由施工单位填写。

装配式结构预制构件安装检验批质量验收记录　表 4-16

02010604

单位（子单位）工程名称				分部（子分部）工程名称	主体结构 / 混凝土结构	分项工程名称	装配式结构
施工单位				项目负责人		检验批容量	
分包单位				分包单位项目负责人		检验批部位	
施工依据					验收依据		

		验收项目			设计要求及规范规定	最小 / 实际抽样数量	检查记录	检查结果
主控项目	1	对工厂生产的预制构件，进场时应检查其质量证明文件和表面标识						
	2	预制构件的外观质量不应有严重缺陷						
	3	施工现场钢筋套筒接头灌浆料试件强度						
	4	预制构件采用焊接或螺栓连接时，连接材料的性能及施工质量						
	5	装配式结构预制构件连接接缝处防水材料						
一般项目	1	预制构件的外观质量不宜有一般缺陷						
	2	预制构件尺寸的允许偏差（mm）	长度	板、梁、柱、桁架	<12m	±5		
					≥12m 且 <18m	±10		
					≥18m	±20		
				墙板		±4		
			宽度、高（厚）度	板、梁、柱、桁架		±5		
				墙板		±3		

一般项目	2	预制构件尺寸的允许偏差（mm）	表面平整度	板、梁、柱、墙板内表面	5			
				墙板外表面	3			
			侧向弯曲	板、梁、柱	$L/750$ 且 ≤ 20			
				墙板、桁架	$L/1000$ 且 ≤ 20			
			翘曲	板	$L/750$			
				墙板	$L/1000$			
			对角线差	板	10			
				墙板	5			
			预留孔	中心线位置	5			
				孔尺寸	±5			
			预留洞	中心线位置	10			
				洞口尺寸	±10			
			预埋件	预埋板中心线位置	5			
				预埋板与混凝土面平面高度	±5			
				预埋螺栓、预埋套筒中心位置	2			
				预埋螺栓外露长度	+10，−5			
			桁架钢筋高度		+5，0			
	3	装配式结构预制构件的粗糙面或键槽						
	4	装配式结构钢筋连接套筒灌浆						
	5	预制构件安装尺寸的允许偏差（mm）	构件中心线对轴线位置	基础	15			
				竖向构件（柱、墙、板、桁架）	10			
				水平构件（梁、板）	5			
			构件标高	梁、板底面或顶面	±5			
				柱、墙板顶面	±3			
			构件垂直度	柱、墙板 <5m	5			
				≥5m 且 <10m	10			
				≥10m	20			
			构件倾斜度	梁、桁架	5			
			相邻构件平整度	板端面	5			
				梁、板下表面 抹灰	5			
				不抹灰	3			

续表

一般项目	5	预制构件安装尺寸的允许偏差（mm）	相邻构件平整度	柱墙板侧表面	外露	5			
					不外露	10			
			构件搁置长度		梁、板	±10			
			支座、支垫中心位置		板、梁、柱、墙板、桁架	±10			
			接缝宽度			±5			
	6	装配式结构预制构件的防水节点构造做法			第8.5.11条				

施工单位检查结果	专业工长： 项目专业质量控查员： 年　月　日
监理单位验收结论	专业监理工程师： 年　月　日

注：1. L 为构件长度（mm）。

2. 检查中心线、螺栓和孔洞位置偏差时，应沿纵、横两个方向量测，并取其中偏差较大值。

本表由施工单位填写。

首段预制构件验收记录　　　　　表 4-17

资料编号：

施工单位			施工栋号		
样板工序名称			检查部位		
工序执行标准					

检查项目：

检查记录：

检查结论：

□合格　　□不合格

签字栏	建设单位	监理单位	施工单位	设计单位	构配件单位

（7）装配式结构工程质量验收时，应提交的文件与记录

①工程设计单位已确认的预制构件深化设计图、设计变更文件；

②装配式结构工程所用主要材料及预制构件的各种相关质量证明文件；

③预制构件安装施工验收记录；

④钢筋套筒灌浆连接的施工检验记录；

⑤连接构造节点的隐蔽工程检查验收文件；

⑥叠合构件和节点的后浇混凝土或灌浆料强度检测报告；

⑦密封材料及接缝防水检测报告；

⑧分项工程验收记录；

⑨工程重大质量问题的处理方案和验收记录；

⑩其他文件与记录。

8）C8 工程竣工质量验收资料

工程竣工质量验收资料（C8）包括：单位工程竣工验收报审表、单位工程质量竣工验收记录、单位工程质量控制资料核查记录、单位工程安全和功能检查资料核查及主要功能抽查记录、单位工程观感质量检查记录、室内环境检测报告、建筑工程系统节能检测报告、工程竣工质量报告、工程概况表等，其填写应符合现行《建筑工程施工质量验收统一标准》GB 50300 和相关专业验收规范的规定。

（1）单位工程质量竣工验收记录的填写应符合以下要求。

①验收签字人员应具有相应单位的法人代表书面授权。

②应在"单位工程质量控制资料核查记录""单位工程安全和功能检验资料核查及主要功能抽查记录"和"单位工程观感质量检查记录"已经按照要求完成的基础上填写。

③单位工程质量竣工验收记录应加盖各方法人单位公章。

（2）单位工程质量控制资料核查记录的填写应符合以下要求。

①按照表中的项目和资料名称及各部分资料形成的先后顺序分别进行核查。

②施工单位、监理单位的核查意见分别填写核查结果。

（3）单位工程安全和功能检验资料核查及主要功能抽查记录的填写应符合以下要求。

①按照表中的项目和资料名称分别填写。

②核查意见应填写对安全和功能检查资料的核查情况。

③抽查结果应填写对工程实体的主要功能的抽查情况。

（4）单位工程观感质量检查记录（表C8-4）的填写应符合以下要求。

①应有观感质量检查原始记录，其格式可按照检查内容和表C8-4确定。

②表C8-4中"抽查质量状况"栏应根据原始检查记录，综合填写观感质量检查的结果。

9）资料的管理

（1）工程资料应符合现行国家标准《建筑工程资料管理规程》DB11/T 695 的规定。

（2）资料内容必须符合相关标准、规范，包括材料标准、行业标准以及政府法律、法规及规范性要求的规定。

（3）各类资料、各种物资时间、部位交圈逻辑合理、完整齐全、合法有效。

（4）资料的格式、内容、书写，应符合质量评审标准的管理规定。

（5）工程资料按照结构分部、分项工程的施工进度做到同步形成、分类整理、按序排列、层次清楚、目录清晰、管理有序。

（6）资料盒标识应规范、清晰。每册要有封面，每卷内应有总目录、各分项目录。案卷应干净、整齐、美观。

二、装配式建筑施工竣工图的绘制

1. 竣工图的分类

各项新建、改建、扩建的工程均应编制竣工图，按专业可分为建筑、结构、幕墙、建筑给水排水与供热、建筑电气、通风空调、智能建筑和规划红线以内的室外工程等竣工图。

2. 竣工图的绘制要求

（1）竣工图应与工程实际相一致。

（2）竣工图的图纸应为蓝图或绘图仪绘制的白图，不得使用复印件。

（3）竣工图应字迹清晰，并与施工图比例一致。

（4）竣工图应有图纸目录，目录所列的图纸数量、图号、图名应与竣工图内容相符。

（5）竣工图应使用国家法定计量单位，其文字和字符应符合相关规定。

（6）竣工图章、图签和签字应齐全有效。

3. 竣工图的绘制工具

绘制竣工图应使用绘图工具、绘图笔或签字笔，不得使用圆珠笔或其他容易褪色的墨水笔绘制。

4. 竣工图的形成

（1）没有工程变更，按原施工图施工的，可在原施工图上加盖竣工图章形成竣工图。

（2）工程变更不大的，可将设计变更通知单和工程变更洽商记录的内容直接改绘在原施工图上，并在改绘部位注明修改依据，加盖竣工图章形成竣工图。

（3）工程变更较大、不宜在原施工图上直接修改的，可另外绘制修改图，修改图应注明修改依据、所涉及的原施工图图号、修改部位，并应有图名、图号。原图和修改图均应加盖竣工图章形成竣工图。

5. 竣工图章的加盖

竣工图章应加盖在图签附近的空白处，图章应清晰。竣工图章的内容应符合图 4-2 的示意要求，竣工图章各栏处应签署齐全。

6. 竣工图的改绘及折叠

在施工蓝图上一般采用杠（划）改、叉改法，局部修改可以圈出变更部位，并在原图空白处绘出变更内容，所有变更部位均应注明变更依据，注明变更依据须加画带箭头的索引线。在施工图上改绘，不得使用涂改液、刀刮、补贴等方法修改图纸。

1）取消的内容

例如：首层底板结构平面图中 Z16（Z17）柱断面，（Z17）取消。

改绘方法：将（Z17）和有关的尺寸用杠改法去掉，并注明修改依据（图 4-3）。

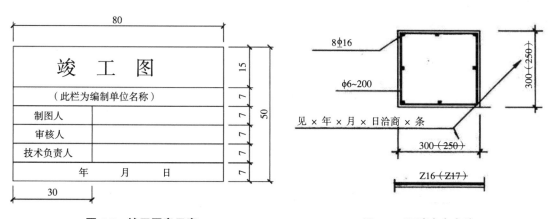

图 4-2　竣工图章示意　　　　　　　　图 4-3　取消内容方法一

例如：平面图中库房取消。即Ⓑ~Ⓒ轴间③轴上砖隔墙取消。

改绘方法："库房"二字和与隔墙相关的尺寸杠改，将隔墙及其门用叉改法删掉，并注明修改依据（图 4-4）。

2）增加的内容

例如：结构图 5 中 1-1 剖面钢筋原为 4⾦18、现改为 6⾦18，并在 400mm 长边中间增加钢筋。

改绘方法：将增加的钢筋画在 1-1 剖面实际的位置上，并注明修改依据（图 4-5）。

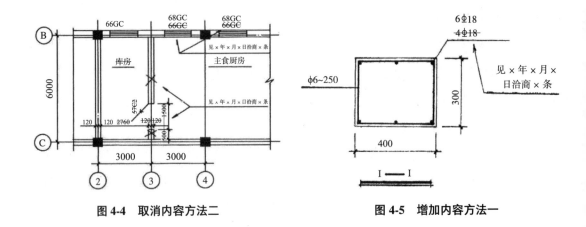

图 4-4　取消内容方法二　　　　　　　　图 4-5　增加内容方法一

3）竣工图的异位绘制

增加的内容在原图相关位置无法绘制清楚时，可将修改内容绘制在本图其他空白处，并做好索引说明。如本图纸没有其他空白处时，可在原图变更部位索引说明，并新增一张图纸用于绘制补充修改内容，新增图纸要有图名、图号，图名和图号应与原图名和图号相关联。新增修改图纸可采用计算机绘制，绘制完成可直接输出白图，也可制成蓝图，图幅不得小于 A3。

（1）例如：基础平面、一、二、三层 E1 轴与 ① 轴交点处原方柱改为圆柱（直径 500mm），其柱 Z5 改为 Z6。改绘采用图纸空白处绘大样的方法（图 4-6）。

（2）例如：地下室厨房窗台板做法修改，将修改的部位用节点 A 表示，并在图纸空白处绘节点大样图（图 4-7）。

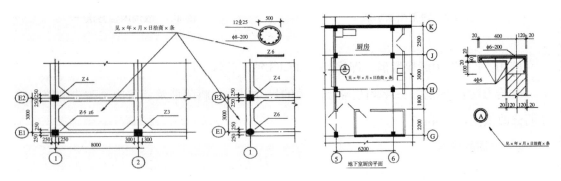

图 4-6　增加内容方法二　　　　　　　　图 4-7　增加内容方法三

4）竣工图的文字说明

竣工图绘制能以图示说明变更内容的，不再加写文字说明，如果图示无法说明清楚的，可加写文字说明。如设计说明、钢筋代换、混凝土强度等级、装修做法、设备型号等变更，可在相关图纸上以文字形式概括说明。例如：一层平面 4 樘 C2-3009 窗改为 C1-3006 窗。修改时每扇窗的型号均应改正，但在标注修改依据时，可只注一处，并加以樘数说明（图 4-8）。

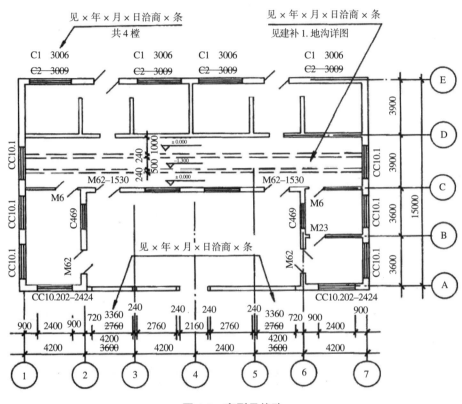

图 4-8　窗型号修改

5）电子竣工图

竣工图可在原设计单位提供的施工图电子文件上经修改后制成。凡经过变动的部位，应用云圈线标识出来，并附有修改依据备注表。施工图电子文件应签章齐全，由施工图电子文件制成的竣工图应加盖竣工图章（表 4-18、图 4-9）。

修改依据备注表样表　　　　　　　　　　　　　　　　　　　　表 4-18

编号	洽商变更编号或时间	简要变更内容

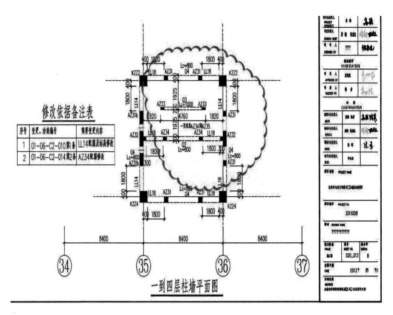

图4-9 修改依据备注表示例

图4-10 设计院绘制竣工图的图签

6）设计院绘制的竣工图的图签

由设计院绘制的竣工图，在设计图签中要明确标注竣工阶段，出图日期应为竣工阶段时间。不再加盖竣工图章（图4-10）。

7）竣工图改绘的规定

（1）施工图纸目录应加盖竣工图章，作为竣工图归档。绘制竣工图时，应首先核对、绘制竣工图目录，竣工图目录可以在原施工图纸目录基础上进行核对和修改，如有作废或新增的图纸，应在图纸目录上标注清楚。作废的图纸应在目录上杠掉，新增图纸的图名、图号应在目录上列出。如图纸情况变动大，则应根据图纸变动实际情况重新编制竣工图目录。竣工图目录中所列的图纸数量、图名、图号都应和实际竣工图相符合。竣工图目录中不应有相同名称的图纸。

（2）如某施工图改变量大，设计单位重新绘制了修改图的，应以修改图代替原图，原图不再归档。

（3）如设计变更附图是设计单位提供的带图签和签字的施工蓝图，可以经确认后加盖竣工图章作为竣工图，但应在原设计变更上注明附图已归入竣工图。

（4）凡一条洽商涉及多张图纸的，每张图纸均应作相应变更修改。

（5）由施工单位完成的深化设计图也应作为竣工图的内容，做法和要求同设计图。

（6）竣工图中文字说明应采用仿宋字，字体的大小应与原图字体的大小相一致，修改的内容不应超出图框线。

8）竣工图图纸折叠方法

（1）一般要求

图纸折叠前应按裁图线裁剪整齐，其图纸幅面应符合表4-19、图4-11规定。

		图纸幅面代号			表 4-19	
基本幅面代号	0	1	2	3	4
$b \times I$	841mm×1189mm	594mm×841mm	420mm×594mm	297mm×420mm	297mm×210mm
c		10mm		5mm	
a			25mm		

图面应折向内，成手风琴、风箱式。

折叠后幅面尺寸应以4号图纸基本尺寸（297mm×210mm）为标准。

图纸及竣工图章应露在外面。

3号～0号图纸应在装订边297mm处折一三角或剪一缺口，折进装订边。

（2）折叠方法

① 4号图纸不折叠。

② 3号图纸折叠如图4-12（图中序号表示折叠次序，虚线表示折起的部分，以下同）所示。

③ 2号图纸折叠如图4-13所示。

④ 1号图纸折叠如图4-14所示。

⑤ 0号图纸折叠如图4-15所示。

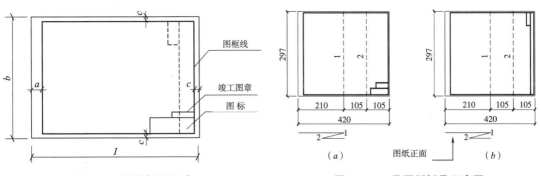

图 4-11　图纸幅面尺寸
注：尺寸代号见表4-19。

图 4-12　3号图纸折叠示意图

191

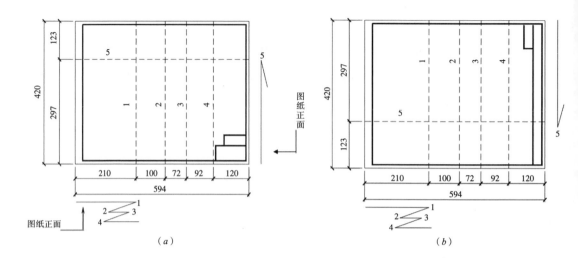

图 4-13　2 号图纸折叠示意图

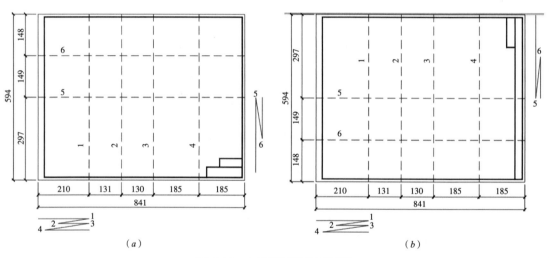

图 4-14　1 号图纸折叠示意图

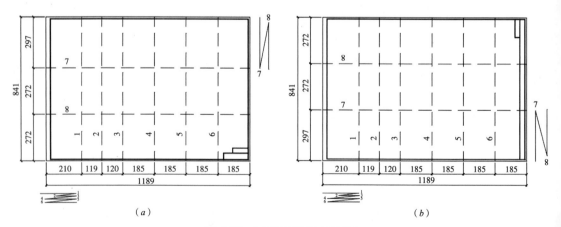

图 4-15　0 号图纸折叠示意图

三、装配式建筑施工资料组卷、移交和归档

1. 施工资料的组卷

1）工程竣工后，工程建设各参建单位应对工程资料编制组卷。

2）工程资料组卷应符合以下要求

（1）组卷应遵循工程文件资料的形成规律，保持卷内文件资料的内在联系。

（2）基建文件和监理资料可按一个项目或一个单位工程进行整理和组卷。

（3）施工资料应按单位工程进行组卷，可根据工程大小及资料的多少等具体情况选择按专业或按分部、分项等进行整理和组卷。

（4）竣工图的组卷应与设计单位提供的施工图专业序列相对应。

（5）专业承包单位的工程资料应单独组卷。

（6）建筑节能工程资料应按照分部工程整理组卷，已经包含在其他分部工程中的节能资料组卷时不宜重复。

（7）移交城建档案馆保存的工程资料，施工验收资料部分应单独组成一卷。

（8）资料清单应与其对应工程资料一同组卷。

（9）工程资料可根据资料数量多少组成一卷或多卷。

3）工程资料案卷应符合以下要求

（1）案卷应有案卷封面、卷内目录、内容、备考表及封底。

（2）案卷不宜过厚，一般不超过 40mm。

（3）案卷应美观、整齐，案卷内不应有重复资料。

2. 施工资料的移交与归档

1）专业承包单位应按合同约定向总承包单位（或建设单位）移交完整的工程档案，移交数量不少于 1 套，并办理相关移交手续。

2）监理单位、施工总承包单位应按合同约定各自向建设单位移交完整的工程档案，移交数量不少于 1 套，并办理相关的移交手续。

3）建设单位应在工程竣工验收合格后 6 个月内，将城建档案馆预验收合格的工程档案移交城建档案馆，并办理相关移交手续。

4）国家和北京市重点工程及 5 万 m² 以上的大型公建工程，建设单位应将列入城建档案馆保存的工程档案制作成缩微胶片，移交城建档案馆。

5）工程各参建方应将各自的工程档案归档保存，办理相关移交手续。归档内容见《建筑工程资料管理规程》DB11/T 695—2017 附录 A。

6）工程档案的保存期限应符合以下要求

（1）城建档案馆的工程档案保存期限应符合国家档案管理的有关规定。

（2）监理单位及施工单位的工程档案保存期限，可根据相关规定及管理需要自行合理确定。

（3）建设单位的工程档案保存期限应不少于工程实体实际使用年限。

第六节　装配式建筑施工合同管理

一、装配式建筑施工合同的实施与管理

1. 施工合同分析

1）目的

合同分析是从合同执行的角度去分析、补充和解释合同的具体内容和要求，将合同目标和合同规定落实到合同实施的具体问题和具体时间上，用以指导具体工作，使合同能符合日常工程管理的需要，使工程按合同要求实施，为合同执行和控制确定依据。

2）责任人

合同分析往往由企业的合同管理部门或项目中的合同管理人员负责。

3）作用

（1）分析合同中的漏洞，解释有争议的内容。

（2）分析合同风险，制订风险对策。

（3）合同任务分解、落实。

4）承包人任务

（1）承包人的总任务——合同标的。

（2）工作范围——由合同中的工程量清单、图纸、工程说明、技术规范所定义。

（3）工程变更规定——工程变更的补偿范围，通常以合同金额一定的百分比标识，通常这个百分比越大，承包人的风险越大。

5）发包人责任

这里主要分析发包人和他的责任——主要表现在以下几个方面：业主及工程师各自的责任及划分，平行的各承包人之间及供应商之间的责任划分，发包人提供的相关资料图纸、施工条件等，发包人及时支付工程款，发包人及时接收已完成工程等。

6）合同价格

（1）合同所采用的计价方式及合同价格所包括的范围。

（2）工程量计量程序，工程款结算（包括进度款、竣工结算、最终结算）方法和程序。

（3）合同价格的调整，即费用索赔的条件、价格调整方法、计价依据、索赔有效期规定。

（4）拖欠工程款的合同责任。

7）违约责任

（1）承包人不能按合同规定工期完成工程的违约金或承担业主损失的条款。

（2）由于管理上的疏忽造成对方人员和财产损失的赔偿条款。

（3）由于预谋或故意行为造成堆放损失的处罚和赔偿条款等。

（4）由于承包人不履行或不能正确地履行合同责任，或出现严重违约时的处理规定。

（5）由于业主不履行或不能正确地履行合同责任，或出现严重违约时的处理规定，特别是对业主不及时支付工程款的处理规定。

8）验收、移交或保修

对重要的验收要求、时间、程序以及验收所带来的法律后果作说明，竣工验收合同即办理移交。移交是一个重要的合同事件，同时又是一个重要的法律概念。

2. 施工合同交底

施工合同交底即由合同管理人员在对合同分析的基础上，通过组织项目管理人员、各个工程小组人员或分包单位学习合同条文和合同总体分析结果，使大家熟悉合同中的主要内容、规定、管理程序，了解合同双方的合同责任和工作范围、各种行为的法律后果等。

施工合同交底的目的和任务：

（1）对合同的主要内容达成一致理解。

（2）明确相关事件之间的逻辑关系。

（3）将工程项目和任务进行分解，明确其质量和技术要求以及实施的注意要点。

（4）明确各项工作或各个工程的工期要求。

（5）明确成本目标和消耗标准。

（6）将各种合同事件的责任分解落实到各工程小组和分包人。

（7）明确各个工程小组（分包人）之间的责任界限。

（8）明确合同有关各方（如业主、监理工程师）的责任和义务。

（9）明确完不成任务的影响和法律后果。

3. 施工合同实施的控制

1）施工合同跟踪

承包单位合同管理部门跟踪、检查、监督；项目经理部项目参与人跟踪、检查、对比合同执行情况。

2）跟踪依据

（1）合同以及依据合同而编制的各种计划文件（重要依据）。

（2）各种实际工程文件，如原始记录、报表、验收报告等。

（3）管理人员对现场的直观了解，如现场巡视、交谈、会议、质量检查。

3）跟踪对象

（1）承包的任务。

（2）工程小组或分包人的工程和工作。

（3）业主和其委托工程师的任务。

4）合同实施偏差分析

（1）偏差的原因：可采用鱼刺图、因果关系分析图（表）、成本量差、价差、效率差分析等方法定性或定量地进行。

（2）偏差责任：责任分析必须以合同为依据，按合同规定落实双方的责任。

（3）合同实施趋势：分析、预测合同执行的结果。

（4）合同实施偏差调整措施：组织措施、技术措施、经济措施、合同措施。

5）工程变更管理的两个要点

（1）变更可以由承包商、业主方、设计方三方中的任何一方提出。

（2）工程变更应由总监理工程师签发。

6）工程变更管理承包人应无条件执行变更

（1）根据工程管理要求，除非工程师明显超越合同权限，否则承包人应无条件地执行工程变更的指示。即使工程变更价款没有确定，或者承包人对工程师答应给予付款的金额不满意，承包人也必须一边进行变更工作，一边根据合同寻求解决方法。

（2）承包人不能为了便于施工而申请设计变更。

二、装配式建筑施工合同与计价

1. 施工合同

1）合同的组成

（1）合同协议书

发包人（全称）：＿＿＿＿＿＿＿＿＿＿＿＿＿＿＿＿＿＿＿＿＿＿＿＿＿＿＿。

承包人（全称）：＿＿＿＿＿＿＿＿＿＿＿＿＿＿＿＿＿＿＿＿＿＿＿＿＿＿＿。

依照《中华人民共和国民法典合同编》《中华人民共和国建筑法》等相关法律、法规、规章和规范性文件的规定，双方就本建设工程施工事项协商一致，达成如下协议：

一、工程概况

二、承包范围

三、合同价款

四、合同工期

五、质量标准

六、合同文件

本协议书与下列文件一起构成合同文件：

①中标通知书；

②投标函及其附录；

③已标价的工程量清单（含暂估价的材料和工程设备损耗率表）；

④合同条款专用部分；

⑤合同条款通用部分；

⑥技术标准和要求；

⑦合同图纸。

双方在本合同履行中所共同签署或认可的符合现行法律、法规、规章及规范性文件，且符合本合同实质性约定的指令、洽商、纪要或同类性质的文件，均构成合同文件的有效补充。

七、承包人承诺按照本合同约定进行施工、竣工并在缺陷责任期内对工程缺陷承担维修责任

八、发包人承诺按照本合同约定的条件、期限和方式向承包人支付合同价款

九、合同生效

（2）中标通知书

采用招标方式时，招标过程中发包人向承包人发出的中标通知书应当置于合同相应位置；采用直接发包方式时，无本部分。

（3）投标函及其附录

采用招标方式时，招标过程中承包人向发包人提交的投标函及其附录应当置于合同相应位置；采用直接发包方式时，无本部分。

（4）已标价的工程量清单

由承包人按照规定的格式和要求填写并标明价格的工程量清单，包括说明和表格，是承包人填写并签署的用于投标的文件。

在招标过程中，招标人编制工程量清单，一项一项的，投标人据此报价，一项一个价格。它将作为合同的附件。

（5）合同条款通用部分

目录

1. 一般规定

2. 语言和文字

3. 合同文件的组成及解释顺序

4. 适用法律和法规

5. 技术标准和要求

6. 图纸

7. 发包人

8. 承包人

9. 设计人

10. 监理人

11. 现场

12. 施工组织设计

13. 进度计划

14. 合同工期

15. 开工及延期开工

16. 工程暂停及复工

17. 工期延误

18. 竣工日期及提前竣工

19. 工程质量

20. 材料和工程设备检验

21. 工艺检验

22. 样品

23. 安全防护与文明施工

24. 暂估价的专业分包工程

25. 材料和工程设备的采购与供应

26. 替代品

27. 新材料、新技术及新工艺的运用

28. 工程量清单

29. 工程计量

30. 合同价款

31. 变更

32. 变更的计价

33. 支付

34. 工程竣工

35. 工程移交

36. 竣工结算

37. 保修

38. 违约

39. 索赔

40. 保险

41. 保证担保

42. 不可抗力

43. 争议

44. 专利权

45. 地下文物

46. 严禁贿赂

47. 保密

48. 合同文件的修改

49. 文件版权

50. 合同效力及份数

（6）合同条款专用部分

1. 一般规定

6. 图纸

7. 发包人

8. 承包人

10. 监理人

11. 现场

13. 进度计划

14. 合同工期

17. 工期延误

18. 竣工日期及提前竣工

19. 工程质量

20. 材料和工程设备检验

24. 暂估价的专业分包工程

25. 材料和工程设备的采购与供应

30. 合同价款

31. 变更

32. 变更的计价

33. 支付

34. 工程竣工

35. 工程移交

36. 竣工结算

37. 保修

41. 保证担保

43. 争议

50. 合同效力及份数

补充条款：

合同条款专用部分

1 一般规定

1.1 词语定义

1.1.2 区段：_____。

1.3 书面形式

1.3.4 发包人书面形式接收地址、传真号码、邮寄地址和电子传送地址：_____。

承包人书面形式接收地址、传真号码、邮寄地址和电子传送地址：_____。

6 图纸

6.1 图纸

6.1.1　发包人应当向承包人提供图纸的日期及图纸套数：_____。

提供时间：_____。

提供套数：_____。

7　发包人

7.1　发包人义务

7.1.7　现场的准备和移交

8　承包人

8.1　承包人义务

8.2　承包人代表

10　监理人

10.2　监理人代表

10.2.1　监理人代表姓名：_____。

11　现场

11.3　现场管理

11.3.5　发包人对承包人现场管理的其他要求：_____。

13　进度计划

13.4　进度报告

13.4.2　进度报告的格式和内容应当获得监理人的同意，内容可包括：_____，
其他要求：_____。

14　合同工期

14.2　各区段工期：_____。

17　工期延误

17.1　非承包人造成的工期延误

17.1.1　（6）其他允许延长工期的情况：_____。

17.3　工期延误的违约处理

17.3.1　误期违约金额度：工期每延误一天，承包人应当向发包人赔偿人民币_____元/天整，不足一天按一天计。误期违约金的最高限额：_____。

18　竣工日期及提前竣工

18.2　提前竣工

发包人和承包人约定提前竣工并给予奖励的，奖励的金额为：_____。

19　工程质量

19.2　创优目标

本工程的质量创优目标及相关约定：＿＿＿＿＿＿＿＿＿＿＿＿＿＿＿＿＿＿＿＿＿＿＿。

20　材料和工程设备检验

20.4　检验费用

20.4.1　其他监测和试验项目的委托和费用承担方式为：＿＿＿＿＿＿＿＿＿＿＿＿＿。

24　暂估价的专业分包工程

24.1　暂估价的专业分包工程分包人的确定

24.1.3　如果相关暂估价的专业分包工程分包人根据法律、法规、规章及规范性文件的要求应当通过招标而确定，则应当由承包人作为招标人，由发包人和承包人按下述约定共同组织招标确定专项分包人：

承包人向发包人报送招标计划的时间：＿＿＿＿＿＿＿＿＿＿＿＿＿＿＿＿＿＿＿＿＿＿。

发包人对招标计划的批准或者提出修改意见的时间：＿＿＿＿＿＿＿＿＿＿＿＿＿＿＿＿。

承包人向发包人报送相关文件的时间：＿＿＿＿＿＿＿＿＿＿＿＿＿＿＿＿＿＿＿＿＿＿。

发包人对相关文件提出修改意见的时间：＿＿＿＿＿＿＿＿＿＿＿＿＿＿＿＿＿＿＿＿。

承包人按照发包人的修改意见修改完成相应文件后报送发包人批准的时间：＿＿＿＿＿。

承包人向发包人报送的用于正式签订的合同文件的时间：＿＿＿＿＿＿＿＿＿＿＿＿＿。

发包人对承包人报送的用于正式签订的合同文件提出修改意见的时间：＿＿＿＿＿＿＿。

24.1.4　如果相关暂估价的专业工程分包人根据法律、法规、规章及规范性文件的要求不属于依法必须招标的范围或未达到招标规模时，则发包人和承包人共同确定暂估价的专业分包工程分包人的方式及程序：＿＿＿＿＿＿＿＿＿＿＿＿＿＿＿＿＿＿＿＿＿＿＿。

25　材料和工程设备的采购与供应

25.2　暂估价的材料和工程设备

25.2.2　如果相关暂估价的材料和工程设备根据国家及地方法律、法规、规章及规范性文件的要求应当通过招标进行采购，则应当由承包人作为招标人，由发包人和承包人按下述约定共同组织招标确定暂估价的材料和工程设备供应商：

承包人向发包人报送招标计划的时间：＿＿＿＿＿＿＿＿＿＿＿＿＿＿＿＿＿＿＿＿＿＿。

发包人对招标计划的批准或者提出修改意见的时间：＿＿＿＿＿＿＿＿＿＿＿＿＿＿＿＿。

承包人向发包人报送相关文件的时间：＿＿＿＿＿＿＿＿＿＿＿＿＿＿＿＿＿＿＿＿＿＿。

发包人对相关文件提出修改意见的时间：＿＿＿＿＿＿＿＿＿＿＿＿＿＿＿＿＿＿＿＿。

承包人按照发包人的修改意见修改完成相应文件后报送发包人批准的时间：＿＿＿＿＿。

承包人向发包人报送的用于正式签订的合同文件的时间：＿＿＿＿＿＿＿＿＿＿＿＿＿。

发包人对承包人报送的用于正式签订的合同文件提出修改意见的时间：_____。

是否采用联合招标的方式确定暂估价的材料和工程设备供应商：_____。

如果采用，联合招标过程中发包人和承包人各方拟承担的工作和责任：_____。

25.4 进口材料和工程设备

25.4.5 其他约定：_____。

30 合同价款

30.2 合同价款

本合同采用的合同价款的约定方式为：_____。

除非合同文件另有约定，本工程的合同价款应当按照以下含义理解：

合同文件约定的综合单价风险范围：_____。

合同文件约定的措施项目费、其他项目清单中的总承包服务费风险范围：_____。

其他约定：_____。

30.3 合同价款的调整

本合同价款在下述因素影响下按下述约定予以调整：_____。

第30.2款约定的各项合同风险范围之外的风险引起的合同价款的调整方法：_____。

其他调整因素及方法：_____。

2. 合同计价工程量清单

1）计价依据和原则

本工程计价依据国家现行《建设工程工程量清单计价规范》GB 50500，以及地方工程造价管理部门颁发的相关配套计价管理规定。

本工程的计价活动（包括工程量清单和招标控制价编制及投标报价编制）遵循客观、公正、公平、诚实信用原则，同时还应当符合国家相关法律、法规、规章、规范性文件、规范和标准的规定。

2）工程量清单

除非特别说明是"暂定数量"，否则已标价的工程量清单内的项目、工作内容及数量均为发包人在本工程招标阶段按照合同文件要求列出的项目和工作内容并计算出的确定数量，发包人对工程量计算的准确性、完整性负责。

工程量清单中的工作子目划分和列项、工作内容的特征描述以及各子目的工程量都不应当理解为是对合同工作内容唯一的、最终的或全部的定义。

承包人在投标报价时，已按照合同文件约定理解工程量清单中各子目包含的工作内容以及相应的工程量计算规则。

3）工程计量

（1）工程量计算规则

适用于本工程的工程量计算规则是指国家现行的《建设工程工程量清单计价规范》GB 50500 中规定的工程量计算规则。

该工程量计算规则适用于本合同，包括合同履约过程中工程量计量与价款支付、工程变更及洽商处理等合同价款调整、工程结算时的工程量计量。如果上述工程量计算规则中缺少（或不适用）相对应的计量规则，则执行按照图纸标示的理论净量进行相应工程量计算的原则。

合同专用条款中明确的工程量计算规则，同样适用于合同履行过程中工程量计量与价款支付、工程洽商变更及洽商处理等合同价款调整、工程结算时的工程量计量。

（2）工程量计量及上报要求

除非合同文件另有约定，承包人应当于每月 25 日以前向监理人提交已完工程量的报告；监理人接到报告后应当于 14d 内计量，发包人或监理人在 14d 内未计量时，承包人提交的工程量报告视为已被批准，并作为工程价款的支付依据。

当监理人要求对承包人申报的工程或工程变更进行审核或要求对工程的任何部位进行计量时，应当提前 1d 通知承包人参加计量，承包人应当立即派出一名合格的代表协助监理人进行上述审核或计量，并提供监理人所要求的一切详细资料；如果承包人未能参加上述审核或计量工作，则由监理人进行或批准的计量应当被视为正确的计量。

对于永久工程的工程量计量，承包人应当准备好相应的图纸及其他必要的设计文件。此类图纸和其他设计文件应当事先提请发包人和监理人确认无误后，方可作为对上述永久工程进行计量的依据，任何以该图纸和其他设计文件为依据所得出的计量结果，发包人、监理人和承包人代表确认无误后进行签字。签字后的计量结果即作为确定工程价值、结算价款和按照合同约定进行支付的有效依据。

除非是按照合同专用条款需执行的计日工项目的计量，否则所有关于永久工程的工程量计量，均应当以图纸、指令、其他设计文件、工程量计算规则及其他合同文件的约定计算而得的结果为准，而不是以任何实地计量获得的工程量为准。

4）合同价款

（1）计价和支付货币

除非合同文件另有约定，否则本合同下的计价、支付和结算均以人民币为计价货币。

（2）合同价款

本合同采用的合同价款的约定方式见"合同条款专用部分"。

除非合同文件另有约定，否则本工程的合同价款应当按照以下含义理解：

已标价的分部分项工程量清单的项目划分、工作内容和工程量将按照合同专用条款中的约定重新予以计量和调整。

除材料和工程设备的暂估价外，已标价的分部分项工程量清单中所有工作子目的综合单价（指根据本合同约定对承包人投标时可能存在不合理单价进行修正和调整后的综合单价）均为在合同文件约定的风险范围内的固定综合单价。发包人不接受承包人基于任何工作子目单价在投标时的组价不当（包括但不限于工作子目对应的工作内容理解的偏差、工料机消耗量水平的确定、生产要素市场价格的判断、取费等）或任何其他差错而主张的任何损失或索赔；合同文件约定的综合单价风险范围见"合同条款专用部分"。

本合同签订后，工程量清单中的措施项目费、其他项目清单中的总承包服务费的合同价款在合同文件约定的风险范围内固定不变。承包人已在投标阶段充分理解了发包人在招标文件中为其设定的所有义务、责任和条件，并在其投标价格中作了充分考虑；合同文件约定的措施项目费、其他项目清单中的总承包服务费风险范围见"合同条款专用部分"。

合同价款中的各项取费，包括但不限于企业管理费、利润、税金的取费水平固定不变。

其他约定见"合同条款专用部分"。

（3）合同价款的调整

本合同价款在下述因素影响下按照下述规定予以调整：

本合同签订后，法律、法规、规章和规范性文件发生变化，且这种变化对合同价款具有强制性调整作用时，合同价款按照相关法律、法规、规章和规范性文件予以调整。

分部分项工程量清单最终的合同价款根据合同专用条款约定对分部分项工程量清单的项目划分、工作内容和工程量进行重新计量和调整，并依据合同专用条款变更计价原则确定的综合单价调整合同价款。

按照合同专用条款约定调整暂估价的专业分包工程合同价款。

按照合同专用条款约定调整暂估价的材料和工程设备合同价款。

按照合同专用条款约定调整计日工项目合同价款。

按照合同专用条款约定调整暂列金额合同价款。

使用替代品时，按照合同相关约定调整合同价款；发生变更时，按照第31条和第32条约定调整合同价款。

按照合同文件约定的方法调整专用条款中约定的各项合同风险范围之外的风险引起的合同价款；合同文件约定的调整方法见"合同条款专用部分"。

其他调整因素及方法见"合同条款专用部分"。

（4）暂估价的专业分包工程的价款调整

暂估价的专业分包工程的整项暂估价应当按照合同专用条款约定的方式确定的分包合同价款作出调整，但调整仅限于分包工程整项暂估价与实际分包工程合同价款的差额及相应税金，不再调整其他任何费用。

（5）暂估价的材料和工程设备的价款调整

暂估价的材料和工程设备的暂估价应当按照合同专用条款确定的实际供应价格（现场地面价）作出调整，但调整仅限于实际供应价格与暂估价之间的差额及相应税金，不再调整其他任何费用。

暂估价的材料和工程设备的暂估价为按照合同专用条款确定的供应数量计算的应当付给供应商运送该材料或工程设备至现场地面层的暂估价，但并不包括承包人应当计取的辅材、采购保管费、二次搬运费、安装损耗费、报价风险费等。承包人参考此类暂估价而计算的辅材、损耗、人工、机械、企业管理费、利润、因发包人付款给承包人和承包人付款给供应商的付款办法差异所导致的额外财务负担、规费、税金等，以及除前述供应价格外的其他一切所需费用，已包括在合同价款中。

（6）计日工项目的确定及价款调整

合同价款内包含的计日工项目费，是发包人为确定人工、材料和机械费单价，以给定的暂估工程量为基数确定的合同价款。计日工项目发生变动时，应当按照合同专用条款的约定计取并调整合同价款。

（7）暂列金额的确定及价款调整

暂列金额是指发包人在工程量清单中暂定并包括在合同价款中的一笔款项。用于施工合同签订时尚未确定或者不可预见的所需材料、设备、服务的采购，施工中可能发生工程变更、合同约定调整因素出现时的合同价款调整以及发生的索赔、现场签证确认等的费用。

暂列金额属于发包人所有和支配，其使用完全由发包人决定，不纳入付款计划和工程计量中。

暂列金额应当按照发包人通过监理人在合同履行过程中所发出的指令部分或全部使用，并按照合同专用条款约定的原则调整合同价款和用于支付，其余未使用的暂列金额应当从合同价款中予以扣除。

5）变更

如果发包人认为有必要对工程或其中任何部分的形式、质量或数量作出变更，则发包人有权通过监理人指令承包人进行下述工作，承包人应当遵照执行：

①增加或减少本合同中所包括的任何工作的数量；

②改变合同中所包括的任何工作的性质、质量或类型；

③改变工程任何部分的标高、基线、位置或尺寸；

④改变工程任何部分的施工顺序或时间安排。

（1）变更的影响

变更不应当以任何方式使合同失效，但所有变更对工程合同价款的影响（如果有的话）应当按照本合同约定进行变更计价。如果发包人通过监理人发出指令进行工程变更完全是因为：承包人的违约或毁约、承包人自身施工的方便、承包人施工措施需要、承包人其他的原因，则引起变更的费用应当由承包人承担。

在任何情况下，发包人通过监理人发出的变更指令应当符合适用的法律、法规、规章及规范性文件。发包人应当办理与此有关的手续、许可和证书等。

如果承包人收到发包人通过监理人发出的设计变更指令后，认为执行该指令会引起其他相关工程变更事项，则应当在收到指令后14d内向监理人提交相关工程变更事项的资料，以便通过监理人报发包人审批。逾期未提交的，视为承包人执行该指令并不会引起合同价款调整，承包人再提交其他相关工程的合同价款调整要求，将不予考虑。

如果承包人收到发包人通过监理人发出的设计变更指令后，认为执行该指令会导致已完工程的返工或已采购或加工的材料及工程设备的报损与报废，应当在收到指令起14d内向监理人及通过监理人向发包人提出确认要求，并应当负责准备所有相关资料，以便监理人和发包人审批。逾期未提交的，视为承包人执行该指令并不会导致上述返工或报损与报废，承包人再提出的任何直接损失补偿要求，将不予考虑。

通过监理所审批的工程洽商和返工报损确认单，都应当获得发包人的签字确认。该等签字确认仅作为发包人对相关事件的发生予以确认，工程量的核准及合同价款调整均仍应当按照合同文件的约定执行。

（2）变更的指令

无发包人通过监理人发出的书面指令，承包人不得作出任何工程变更。因承包人擅自变更设计发生的费用和由此导致发包人的直接损失，由承包人承担，延误的工期不予顺延。

如果工程量或工作内容的增加或减少不是由于变更造成，而是由于工程量清单中提供的工程量或工作内容与招标时的施工图纸存在差异，则发包人不必通过监理人为此发出增加或减少工程量的指令，该情况不属于本条所指的变更。

除非合同文件另有约定，在合同履行过程中承包人应当以书面形式向监理人或通过监理人向发包人提出有关本工程设计和施工的合理化建议。监理人和发包人通过监理人发出的对承包人的合理化建议的批准或认可，并不表示承包人的合理化建议构成本合同下所指的变更，也不表明发包人和监理人将承担任何责任。只有在下列条件全部满足的前提下，承包人的合理化建议才能构成本条所指的变更。

①承包人的合理化建议被证明是出于有利于发包人实现其本合同的目的和利益，或者是由于合同图纸、设计变更等有合同约束力的文件中错误或明显不合理或明显不可行；

②承包人的合理化建议所涉及的工作并非承包人（包括他的分包人或供应商）自身的施工质量缺陷、材料采购不力、技术力量不足、施工组织混乱或工程延误等原因。

按照上述规定，由监理人和发包人通过监理人发出的书面形式确认为变更的合理化建议将构成合同条款约定的变更，其计价应当按照合同专用条款的有关约定执行。

在承包人的合理化建议为发包人带来额外经济效益的情况下，此类经济效益应当由发包人和承包人按照合同文件约定的比例进行分享，约定的比例见"合同条款专用部分"。

（3）变更的计价

除非合同文件另有约定，上述的所有变更以及需要按照本条要求予以确定其价格的追加或扣减项目（本合同中称为变更的工作），按照以下原则进行计价。

①合同文件中已有适用于变更工作的价格或费率，按照合同文件已有的价格或费率对变更工作进行计价。

②合同文件中只有类似于变更工作的价格，只要发包人和承包人都同意，则可采用合同文件中的价格作为基础对变更工作进行计价。

③合同文件中没有适用或类似于变更工作的价格，由承包人或发包人提出适当的变更价格，经对方确认后执行。其组价原则为：

a. 已标价的工程量清单中已有相应的人工、材料、机械消耗量的，按照已有的执行；如果没有，由承包人或发包人提出，经监理人审核后，报经对方确认后执行；

b. 取费费率以已标价的工程量清单中确定的为准；

c. 如果双方不能达成一致，可直接按照合同专用条款的约定解决争议。

（4）变更计价的程序

在变更工作确定后14d内，变更工作涉及合同价款调整的，由承包人向监理人提出，监理人经发包人同意后，由监理人向承包人发出监理人和发包人同意调整合同价款的意见。承包人报送的变更计价文件中应当附套用单价的详细组价明细。

变更工作确定后14d内，如果承包人未提出变更工程价款报告，则发包人可根据自己所掌握资料和信息决定是否调整合同价款和调整的具体金额。但重大变更工作所涉及合同价款变更报告和确认的时限见"合同条款专用部分"。

收到变更合同价款报告一方，应当在收到之日起 14d 内确认或提出协商意见，自变更合同价款报告送达之日起 14d 内，对方未确认也未提出协商意见时，视为变更合同价款报告已被确认。确认的工程变更价款应当与当期工程进度款同期支付。

按照指令完成变更及办理经济洽商不得影响工程的连续施工。在工程结算时双方仍有争议的，则按照合同相关的约定解决争议。

除非合同文件另有约定，否则承包人不得以发包人和承包人之间未能就变更工作的计价达成一致而拒绝实施变更工作。

6）计日工

如果发包人认为必要，可通过监理人发出指令，规定以计日工的形式实施变更工作。

如果承包人认为相关变更工作不适宜按照合同专用条款约定的变更计价方法计价，要求按计日工的方式计价，则承包人应当在执行有关工作前不少于 3d 的时间向监理人提出书面申请，监理人商发包人后应当在 2d 内予以答复。

对此类变更工作，已标价的计日工项目清单中已有相应的人工、材料和机械价格，则按照已有的执行；如果没有，则由承包人或发包人提出，经对方确认后执行。

承包人应当向监理人提供可能需要的证实所付款额的收据或其他凭证，并且在订购材料之前，向监理人提交订货报价单供发包人和监理人批准。

对此类以计日工方式实施的工程，承包人应当在该工程持续进行过程中，每天向监理人提交：

a. 聘用从事该工作的所有工人的姓名、工种和工时的确切清单；

b. 所有该项工作所用和所需材料和工程设备的种类和数量的报表。

经发包人和监理人同意后，发包人和监理人应当在上述清单和报表上签字。发包人和监理人收到上述清单和报表后 7d 内未签字确认，同时又无任何其他批复意见的，则视同发包人和监理人已确认。

承包人应当将当月发生的所有以计日工形式实施的工作汇总为一份报表，并随当月的进度请款单呈交给监理人，否则承包人无权获得与此有关的任何款项。

7）支付

（1）预付款

发包人应当在本合同签订后 7d 内将规费中的农民工工伤保险费全部支付给承包人。

除非合同文件另有约定，发包人应当在本合同签订后 30d 内，不迟于约定的开工日期前 7d 内以无息的方式预付合同文件约定的工程预付款、安全文明施工费；工程预付款、安全文明施工费预付额度见"合同条款专用部分"。

工程预付款的抵扣起始时间和方式见"合同条款专用部分"。

（2）工程进度款

①工程进度款的付款周期

工程进度款的付款周期见"合同条款专用部分"。

②进度报告

承包人应当按照合同文件约定的时间和周期按照合同专用条款要求编制进度报告，并作为进度请款单的附件或证明文件提交给监理人。进度报告的提交时间及周期见"合同条款专用部分"。

③工程进度款申请

监理人在收到进度报告后14d内会同发包人完成审核和批复工作，并以书面形式通知承包人。承包人在收到此书面形式通知后14d内，根据发包人、监理人的审核和批复意见并按照监理人同意的格式，向监理人提交工程进度款申请，说明承包人认为自己在该付款周期内有权得到的款额，同时提交包括进度报告在内的必要的计算书、清单或其他证明文件。

除非合同文件另有约定，否则承包人当期应得的工程进度款应包括承包人自行负责实施范围之内的工程进度款、由暂估价的专业分包工程的分包人负责实施范围之内的当期工程进度款和达到招标规模且采用招标方式确定的暂估价的材料和工程设备供应商负责供应的材料和工程设备采购供应款。其中，承包人自行负责实施范围之内的工程进度款包括：

a. 当期实施完成并经监理人计量确认的分部分项工程价款；

b. 按照合同专用条款确定的当期应当支付的措施项目费和总承包服务费；

c. 当期采用非招标方式确定的暂估价的材料和工程设备的调整额；

d. 依据合同文件当期应当增加或扣减的任何款项（包括计日工在内的变更），工期延误赔偿金除外。

由暂估价的专业分包工程分包人负责实施范围之内的当期工程进度款，为按照不同的暂估价的专业分包工程分包合同的付款条件列项和准备当期应当支付的暂估价的专业分包工程进度款，同时包括所有暂估价的专业分包工程分包人的工程进度款申请。

达到招标规模且采用招标方式确定的暂估价的材料和工程设备供应商负责供应的材料和工程设备采购供应款，为按照不同暂估价的材料和工程设备供应合同付款条件列项和准备当期应当支付的暂估价的材料和工程设备供应采购供应款，同时包括相应暂估价的材料和工程设备供应商的采购供应款申请。

④进度款付款单

在不违背上述条件的前提下，在收到承包人提交的进度款请款单后的14d内，监理人应当向发包人发送一份进度款付款单，列出其认为该期应当向承包人支付的金额及应当抵扣的预付款金额及按照合同文件约定应抵扣的其他款项金额，得到发包人批准后，将一份副本开具给承包人。该金额也应当按照合同要求划分的项目分列为应当支付给承包人自行负责实施范围之内的工程进度款、应当支付给暂估价的专业分包工程分包人负责实施范围之内的当期工程进度款和达到招标规模且采用招标方式确定的暂估价的材料和工程设备供应商负责供应的材料和工程设备当期采购供应款，同时列明该期应当抵扣的预付款。如果监理人认为该期无任何应付款额，应当立即相应地通知承包人。

如果对承包人提交的进度款请款单的某部分有争议，监理人应当就无争议的部分开具进度款付款单。

⑤工程进度款支付

除非合同文件另有约定，发包人在收到监理人按照合同要求提交的进度款付款单后，按照发包人确认的当期应付工程进度款和应当抵扣的工程预付款，按照下述要求向承包人支付相应的工程进度款：

以发包人确认的承包人自行负责实施范围之内的工程进度款为基数，并以合同文件约定的工程进度款支付比例计算确定的款额扣减当期应当抵扣的工程预付款后支付承包人。工程进度款支付比例及时限见"合同条款专用部分"。

以发包人确认的暂估价的专业分包工程分包人负责实施范围之内的工程进度款为基数，并以暂估价的专业分包工程分包合同约定的工程进度款支付比例计算确定的款额扣减当期应抵扣的暂估价的专业分包工程预付款支付承包人。

按照发包人确认的达到招标规模且采用招标方式确定的暂估价的材料和工程设备供应商负责采购供应范围之内的当期材料和工程设备的采购供应款支付承包人。

（3）措施项目价款及总承包服务费的支付

除按照合同的约定于预付款支付时已支付给承包人的相关比例的安全文明施工费外，措施项目价款内所含的剩下的安全文明施工费及其他措施项目价款的支付方式见"合同条款专用部分"。

其他项目价款内的总承包服务费，应当按照各暂估价的专业分包工程和发包人发包专业工程当期累计完成的合同价款占暂估价的专业分包工程和发包人发包专业工程合同价款的比例而分摊支付；或按照各项暂估价的材料和工程设备供应项目和发包人供应的材料和工程设备供应项目的当期累计供应完成的供应价款占暂估价的材料和工程设备供应项目和发包人供应的材料和工程设备供应项目的供应合同价款比例而分摊支付。

如果承包人未填报所述项目的价款，则进度款支付时将不会支付任何相关价款。

（4）延期支付

发包人未按照合同的约定支付预付款的，承包人应当及时向发包人发出书面催款通知，发包人收到通知后仍不能按照要求预付的，经承包人同意后可延期支付，但应当与承包人协商签订延期付款协议并办理具有强制执行效力的公证文书。协议应当明确延期支付的时间和从应付之日起向承包人支付应当付款的利息（利率按照同期银行贷款利率计）。如果未达成延期付款协议，导致施工无法进行的，承包人可按照合同相关的约定执行。

发包人未按照合同的约定支付工程进度款的，承包人应当及时向发包人发出书面催款通知，发包人收到承包人书面形式的通知后仍不能按照要求付款的，经承包人同意后可延期支付，但应当与承包人协商签订延期付款协议并办理具有强制执行效力的公证文书。协议应当明确延期支付的时间和从工程计量结果确认后第15d起向承包人支付应当付款的利息（利率按照同期银行贷款利率计）。如果未达成延期付款协议，导致施工无法进行，承包人可按照合同的约定执行。

发包人未按照合同的约定支付结算价款的，承包人应当及时向发包人发出书面催款通知，发包人收到承包人书面形式的通知后仍不能按照要求付款的，经承包人同意后可延期支付，但应当与承包人协商签订延期付款协议并办理具有强制执行效力的公证文书。协议应当明确延期支付的时间和从应付之日起向承包人支付应当付款的利息（利率按照同期银行贷款利率计）。如果未达成延期付款协议，承包人可与发包人协商将该工程折价，或申请人民法院将该工程依法拍卖，承包人就该工程折价或者拍卖的价款优先受偿。

（5）外汇和汇率

如果合同文件约定，本合同（或部分）采用外币计价、支付和结算，则该外币与人民币之间汇率或确定该外币与人民币之间汇率的原则和方法见"合同条款专用部分"。

第五章

装配式建筑结构施工技术要点

第一节 装配式建筑结构施工技术要点

一、施工特点

装配式建筑结构的优势。装配式建筑在生产方式上的转变，主要体现在五化上（建筑设计标准化、部品生产工厂化、现场施工装配化、结构装修一体化和建造过程信息化），因此，与传统建筑相比，装配式建筑呈现出如下优势。

（1）保证工程质量。装配式建筑构件在预制工厂生产，生产过程中可对温度、湿度等条件进行控制，构件的质量更容易得到保证。

（2）降低安全隐患。装配式建筑的构件运输到现场后，由专业安装队伍严格遵循流程进行装配，大大提高了工程质量并降低了安全隐患。

（3）提高生产效率。装配式建筑的构件由预制工厂批量采用钢模生产，减少脚手架和模板数量，尤其是生产形式较复杂的构件时优势更为明显，同时省掉了相应的施工流程，大大提高了时间利用率。

（4）降低人力成本。装配式建筑由于采用工厂化生产，现场装配施工，机械化程度高，减少现场施工及管理人员数量，节省了人工费，提高了劳动生产率。

（5）节能环保，减少污染。装配式建筑循环经济特征显著，由于采用的钢模板可循环使用，节省了大量脚手架和模板作业，节约了木材资源。此外，由于构件在工厂生产，现场湿作业少，大大减少了噪声和烟尘，对环境影响较小。

（6）模数化设计，延长建筑寿命。装配式建筑进行建筑设计时，首先对户型进行优选，在选定户型的基础上进行模数化设计和生产。由于采用灵活的结构形式，住宅内部空间可进一步改造，延长了住宅使用寿命。

装配式建筑结构施工可以充分利用预制构件工厂机械化的生产优势，其在构件设计标准化、生产工厂化、运输物流化和安装专业化等各方面都有良好的表现，对提高施工生产效率、减少废弃物排放等都有显著的效益。其主要的施工工艺特点如下。

（1）预制构件采用标准化设计，工厂生产的精度较高。对各类预制构件（包括预制梁、预制板等）均进行标准化设计，尽量采用统一的截面尺寸和配筋。在工厂预制过程中，对截面尺寸、钢筋位置以及构件外观的平整度和垂直度都严格控制，尽量保证精度要求。

（2）合理计划构件的生产和运输。构件的生产和运输应根据现场施工的使用情况合理计划。协调好构件的生产、运输及现场安装等各个环节的有序进行,从而保证现场流水施工。

（3）构件吊装顺序合理化。根据建筑的施工平面图对构件的吊装顺序进行合理的编排,采取先远后近、先低后高的顺序,确保塔式起重机吊装顺序合理。在吊装前,应给出构件吊装顺序的编号以指导现场吊装。

（4）施工安全快捷。预制外墙板等的保温层和外部装饰面均可以在工厂加工完成,从而减少外立面的装修工程量,同时也可减少外装饰的高空危险作业。

二、施工准备

（1）装配式建筑结构施工应结合设计、生产、装配一体化的原则整体策划,协同建筑、结构、机电、装饰装修等专业要求,落实施工组织设计。施工组织设计的内容应符合现行国家标准《建筑施工组织设计规范》GB/T 50502 的规定。

（2）装配式结构施工前,施工单位应准确理解设计图纸的要求,掌握有关技术要求及细部构造,根据工程特点和施工规定,进行结构施工复合及验算,编制装配式结构专项施工方案。装配式结构专项施工方案,内容宜包括工程概况、编制依据、进度计划、施工场地布置、预制构件运输与存放、安装与连接施工、绿色施工、安全管理、质量管理、信息化管理、应急预案等。

（3）装配式结构施工前应根据设计要求和施工方案进行必要的施工验算。施工验算应包括以下内容。

①预制构件运输、码放及吊装过程中按运输、码放和吊装工况进行构件承载力验算;

②吊装设备的吊装能力验算;

③预制构件安装过程中施工临时荷载作用下构件支撑系统和临时固定装置的承载力验算。

（4）施工前应有完整的预制装配结构设计文件,并应由建设单位组织设计、施工、监理等单位对设计文件进行交底和图纸会审,由施工单位完成的深化设计文件应经原设计单位确认。

（5）施工单位应根据装配式建筑工程的管理和施工技术特点,按计划定期对管理人员及作业人员进行专项培训及技术交底。

（6）装配式建筑施工前,宜选择有代表性的单元进行预制构件试安装,并应根据试安装结果及时调整施工工艺,完善施工方案。

（7）未经设计允许不得对预制构件进行切割、开洞。

（8）在装配式结构施工前,宜选择有代表性的单元进行预制构件试安装,并应根据试安装结果及时调整完善施工方案和施工工艺。

三、材料与机具

（1）预制构件、安装用材料及配件等应符合国家现行有关标准及产品应用技术手册的规定，并应按照国家现行相关标准的规定进行进场验收。

（2）采用钢筋套筒灌浆连接时，灌浆套筒应符合现行行业标准《钢筋连接用灌浆套筒》JG/T 398 的规定；灌浆料应符合现行行业标准《钢筋连接用套筒灌浆料》JG/T 408 的有关规定。

（3）采用钢筋套筒灌浆连接时，套筒灌浆料性能指标应符合表 5-1 和表 5-2 的规定。

常温型套筒灌浆料的性能指标　　　　　　　　　　　表 5-1

检测项目		性能指标
流动度（mm）	初始	≥ 300
	30min	≥ 260
抗压强度（MPa）	1d	≥ 35
	3d	≥ 60
	28d	≥ 85
竖向膨胀率（%）	3h	0.02 ~ 2
	24h 与 3h 差值	0.02 ~ 0.40
28d 自干燥收缩（%）		≤ 0.045
氯离子含量（%）		≤ 0.03
泌水率（%）		0

注：氯离子含量以灌浆料总量为基准。

低温型套筒灌浆料的性能指标　　　　　　　　　　　表 5-2

检测项目		性能指标
-5℃流动度（mm）	初始	≥ 300
	30min	≥ 260
8℃流动度（mm）	初始	≥ 300
	30min	≥ 260
抗压强度（MPa）	-1d	≥ 35
	-3d	≥ 60
	-7d+21d	≥ 85
竖向膨胀率（%）	3h	0.02 ~ 2
	24h 与 3h 差值	0.02 ~ 0.40
28d 自干燥收缩（%）		≤ 0.045
氯离子含量（%）		≤ 0.03
泌水率（%）		0

注：-1d 代表在负温养护 1d，-3d 代表在负温养护 3d，-7d+21d 代表在负温养护 7d 转标准养护 21d。
氯离子含量以灌浆料总量为基准。

（4）采用钢筋浆锚搭接连接时，应采用水泥基灌浆料，灌浆料应符合现行国家标准《水泥基灌浆材料应用技术规范》GB/T 50448 的有关规定。

（5）吊装用吊具应按国家现行有关标准的规定进行设计、验算或试验检验。吊具应根据预制构件形状、尺寸及重量等参数进行配置，吊索水平夹角不宜小于 60°，且不应小于 45°；对尺寸较大或形状复杂的预制构件，宜采用有分配梁或分配桁架的吊具。

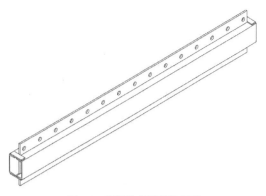

图 5-1　预制构件吊装梁示意

（6）预制构件吊装梁是一种用于工业化住宅楼工程中预制构件吊装的施工机具（图 5-1），适用于装配式预制外墙板、预制楼梯以及叠合楼板等多种预制构件的吊装安装。

（7）吊装梁使用时，预制构件的吊装孔应按照吊装梁使用说明进行对应连接，严禁预制构件吊绳倾斜起吊。吊装时吊装梁孔使用应上下对齐，严禁孔位错开使用。

（8）起吊前检查吊索具，确保其保持正常工作性能。吊具螺栓出现裂纹、部分螺纹损坏时，应立即进行更换，确保吊装安全。

（9）钢丝绳吊索应符合现行国家标准《一般用途钢丝绳吊索特性和技术条件》GB/T 16762 中所规定的一般用途钢丝绳吊索特性和技术条件，插编索扣应符合现行国家标准《钢丝绳吊索　插编索扣》GB/T 16271、《建筑施工起重吊装工程安全技术规范》JGJ 276 等的规定。

（10）吊钩应有制造厂的合格证明书，表面应光滑，不得有裂纹、刻痕、剥裂、锐角等现象。吊钩每次使用前应检查一次，不合格者应停止使用。

（11）活动卡环使用前应进行复核检查，活动卡环在绑扎时，起吊后销子的尾部应朝下，吊索在受力后应压紧销子，其容许荷载应按出厂说明书采用。

四、预制构件运输与堆放

（1）应制订预制构件的运输与堆放方案，其内容应包括运输时间、次序、堆放场地、运输线路、固定要求、堆放支垫及成品保护措施等。对于超高、超宽、形状特殊的大型构件的运输和堆放应有专门的质量安全保证措施。

（2）预制柱、梁、叠合板、阳台板、楼梯、空调板宜采用平放运输，预制墙板采用竖直立放运输。

（3）预制构件的运输要求。

①预制构件的运输、安装应符合现行国家标准《混凝土结构工程施工规范》GB 50666及《装配式混凝土结构技术规程》JGJ 1 的规定。

②总包单位及构件生产单位应制订预制构件的运输与堆放方案，运输构件时应采取措施防止构件损坏，防止构件移动、倾倒、变形等。预制构件运输时，车上应设有专用架，且有可靠的固定构件措施；预制构件混凝土强度达到设计强度时方可运输。

（4）预制构件的运输车辆应满足构件尺寸和载重要求，装卸与运输时应符合下列规定。

①装卸构件时，应采取保证车体平衡的措施。

②运输构件时，应采取防止构件移动、倾倒、变形等的固定措施。

③运输构件时，应采取防止构件损坏的措施，对构件边角部或链索接触处的混凝土，宜设置保护衬垫。

④运输车辆进入施工现场的道路应满足预制构件的运输要求；卸放、吊装工作范围内，不得有障碍物，并应有满足预制构件周转使用的场地；堆场应设置在起重机工作范围内，并考虑吊装时的起吊、翻转等动作的操作空间。

（5）预制叠合板、柱、梁采用叠放方式。预制叠合板不宜大于 6 层，预制柱、梁叠放层数不宜大于 2 层。底层及层间应设置支垫，构件不得直接放置于地面上。

（6）预制构件堆放应符合下列规定。

①堆放场地应平整、坚实，并应有排水措施。

②施工现场存放的构件，宜按照安装顺序分类存放，堆垛宜布置在起重机工作范围内且不受其他工序施工作业影响的区域；预制构件存放场地的布置应保证构件存放有序，安排合理，确保构件起吊方便且占地面积小。

③预制构件应按规格、品种、所用部位、出厂日期、吊装顺序分别堆放。

④重叠堆放构件时，每层构件间的垫块应上下对齐，堆垛层数应根据构件、垫块的承载力确定，并应根据需要采取防止堆垛倾覆的措施。

⑤多层堆放预制构件时，应保证最下层构件垫实，预埋吊件向上，标识宜朝向堆垛间的通道。

⑥垫木或者垫块在构件下的位置应与吊装时的吊点位置一致。重叠堆放构件时，每层构件间的垫木或者垫块应在同一垂直线上。

⑦预应力构件的存放应根据反拱影响采取必要的堆放措施。

⑧施工单位应针对预制墙板构件插放编制专项方案，插放架应满足强度、刚度和稳定性的要求，插放架必须设置防磕碰，防构件损坏、倾倒、变形，防下沉的保护措施。

（7）墙板的运输与堆放应符合下列规定。

①当采用靠放架堆放或运输构件时，靠放架应具有足够的承载力和刚度，与地面的倾斜角度宜大于80°。墙板宜对称靠放且外饰面朝外，构件上部宜采用木垫块隔离，运输时构件应采取固定措施。

②当采用插放架（图5-2）直立堆放或运输构件时，宜采取直立运输方式；插放架应有足够的承载力和刚度，并应支垫稳固。

③采用叠层平放的方式堆放或运输构件时，应采取防止构件产生裂缝的措施。

图 5-2　预制墙板专用插放架

五、预制构件安装与连接

（1）预制构件应按照施工方案吊装顺序提前编号，吊装时严格按编号顺序起吊；预制构件吊装就位并校准定位后，应及时设置临时支撑或采取临时固定措施。

（2）预制构件吊装工艺流程如图5-3所示，其吊装过程中应注意以下内容。

①构件吊装前，应检查构件相应编号、预留预埋位置及部位是否准确，灌浆孔、插接钢筋等重要部位是否符合安装要求。

②检查吊装梁的吊点位置的中心线是否与构件重心线重合。

③检查钢丝绳、卸扣、吊装锁具、构件预埋吊环是否符合安全要求。

④检查构件安装前的准备工作是否完善。

⑤临时性的安装材料是否准备到位。

⑥试起吊，起吊后检查构件重心是否与塔式起重机主绳在垂直方向重合，确认起吊安全后可完成吊运。

⑦构件吊运到安装位置后，设置临时性支撑、拉结措施，确保构件稳定安全后摘除吊钩，完成吊装。

（3）预制构件吊装应符合下列规定。

①预制构件宜采用标准吊具均衡起吊就位，吊具可采用预埋吊环或埋置式接驳器的形式；专用内埋式螺母或内埋式吊杆及配套的吊具，应根据相应的产品标准和应用技术规定选用；吊装所采用的吊具和起重设备及施工操作，应符合国家现行有关标准及产品应用技术手册规定。

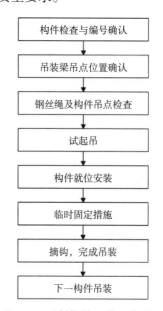

构件检查与编号确认

↓

吊装梁吊点位置确认

↓

钢丝绳及构件吊点检查

↓

试起吊

↓

构件就位安装

↓

临时固定措施

↓

摘钩，完成吊装

↓

下一构件吊装

图 5-3　预制构件吊装工艺流程

②采用非常规起重设备、方法，且单件起吊重量在 100kN 及以上的起重吊装工程专项施工方案应当由施工单位组织专项论证。

③预制构件吊运应经过施工验算。构件吊运时，动力系数宜取 1.5；构件翻转及安装过程中就位、临时固定时，动力系数可取 1.2。吊装钢丝绳与专用卸扣的安全系数不小于 6。

④应按照制订好的吊装顺序，起重设备的吊装范围由远及近进行吊装，吊装时采取保证起重设备的主钩位置、吊具及构件重心在竖直方向上重合的措施；吊运过程应平稳，不应有大幅度摆动，且不应长时间悬停。预制构件吊装应采用慢起、快升、缓放的操作方式；构件吊装校正，可采用起吊、静停、就位、初步校正、精细调整的作业方式；起吊应依次逐级增加速度，不应越挡操作。

⑤应设专人指挥，操作人员应位于安全位置。当遇有 5 级大风或恶劣天气时，应停止一切吊装施工作业。

⑥应根据预制构件形状、尺寸及重量和作业半径等要求选择适宜的吊具和起重设备；在吊装过程中，吊索与构件的水平夹角不宜小于 60°，不应小于 45°。

（4）预制构件吊装就位后，应及时校准并采取临时固定措施。预制构件就位校核与调整应符合下列规定。

①预制墙板、柱等竖向构件安装后，应对安装位置安装标高、垂直度进行校核与调整。

②叠合构件、预制梁等水平构件安装后应对安装位置、安装标高进行校核与调整。

③水平构件安装后，应对相邻预制构件平整度、高低差拼缝尺寸进行校核与调整。

④装饰类构件应对装饰面的完整性进行校核与调整。

⑤临时固定措施、临时支撑系统应具有足够的强度、刚度和整体稳固性，应按现行国家标准《混凝土结构工程施工规范》GB 50666 的有关规定进行验算。

（5）竖向预制构件安装采用临时支撑时，应符合下列规定。

①每个预制构件都应按照施工方案设置稳定可靠的临时支撑。

②对预制柱的上部斜支撑，其支撑点距离板底的距离不宜小于构件高度的 2/3，且不应小于构件高度的 1/2，斜支撑应与构件可靠连接。

③对单个构件高度超过 10m 的预制柱、墙等，需设缆风绳。

④构件安装就位后，可通过临时支撑对构件的位置和垂直度进行微调。

（6）墙、柱构件的安装应符合下列规定。

①构件安装前，应清洁结合面。

②构件底部应设置可调整接缝厚度和底部标高的垫块。

③钢筋套筒灌浆连接接头、钢筋浆锚搭接连接接头灌浆前，应对接缝周围进行封堵，封堵措施应符合结合面承载力设计要求；多层预制剪力墙底部采用坐浆材料时，其厚度不宜大于 20mm。

（7）钢筋套筒灌浆连接接头、钢筋浆锚搭接连接接头应按检验批划分要求及时灌浆，灌浆作业应符合国家现行有关标准及施工方案的要求，并应符合下列规定。

①灌浆施工时，环境温度不应低于 5℃；当连接部位养护温度低于 10℃时，应采取加热保温措施。

②灌浆操作全过程应有专职检验人员负责旁站监督并及时形成施工质量检查记录。

③应按产品使用说明书的要求计量灌浆料和水的用量，并搅拌均匀；每次拌制的灌浆料拌合物都应进行流动度的检测，且其流动度应满足本规程的规定。

④灌浆作业应采用压浆法从下口灌注，当浆料从上口流出后应及时封堵，必要时可设分仓进行灌浆。

⑤灌浆料拌合物应在制备后 30min 内用完。

（8）灌浆施工方式及构件安装应符合下列规定。

①钢筋水平连接时，灌浆套筒应各自独立灌浆。

②竖向构件宜采用连通腔灌浆，并应合理划分连通灌浆区域；每个区域除预留灌浆孔、出浆孔与排气孔外，还应形成密闭空腔，不应漏浆；连通灌浆区城内任意两个灌浆套筒间距离不宜超过 1.5m。

③竖向预制构件不采用连通腔灌浆方式时，构件就位前应设置坐浆层。

（9）预制柱、墙的安装应符合下列规定。

①临时固定措施的设置应符合现行国家标准《混凝土结构工程施工规范》GB 50666 的有关规定。

②采用连通腔灌浆方式时，灌浆施工前应对各连通灌浆区域进行封堵，且封堵材料不应减小结合面的设计面积。

（10）预制梁和既有结构改造现浇部分的水平钢筋采用套筒灌浆连接时，施工措施应符合下列规定。

①连接钢筋的外表面应标记插入灌浆套筒最小锚固长度的标志，标志位置应准确，颜色应清晰。

②对灌浆套筒与钢筋之间的缝隙应采取防止灌浆时灌浆料拌合物外溢的封堵措施。

③预制梁的水平连接钢筋轴线偏差不应大于 5mm，超过允许偏差的应予以处理。

④与既有结构的水平钢筋相连接时，新连接钢筋的端部应设有保证连接钢筋同轴、稳

固的装置。

⑤灌浆套筒安装就位后，灌浆孔、出浆孔应在套筒水平轴正上方 ±45° 的锥体范围内，并安装有孔口超过灌浆套筒外表面最高位置的连接管或接头。

（11）灌浆料使用前，应检查产品包装上的有效期和产品外观，灌浆料使用应符合下列规定。

①拌合用水应符合现行行业标准《混凝土用水标准》JGJ 63 的有关规定。

②加水量应按灌浆料使用说明书的要求确定，并应按重量计量。

③灌浆料拌合物应采用电动设备搅拌充分、均匀，并静置 2min 后使用。

④搅拌完成后，不得再次加水。

⑤每工作班应检查灌浆料拌合物初始流动度不少于 1 次，指标应符合现行行业标准《钢筋套筒灌浆连接应用技术规程》JGJ 355 的规定。

第二节　装配式建筑施工转换层定位技术

装配式建筑的底部一般设有现浇结构加强区，现浇结构与装配式结构在转换层顶板处转换。转换层的钢筋施工质量直接影响到整个结构的内力传递和后期预制构件吊装施工，进而影响结构整体性。

转换层预留连接钢筋的准确性直接影响预制墙板安装的速度及预制墙板施工的安全性。预留连接钢筋须严格按设计要求的锚固长度加工，且插入套筒内的钢筋端部无切割毛刺，预留连接钢筋位置应准确，使安装预制墙体时能快速插入连接套筒。可以通过优化转换层钢筋施工工艺，采用多次定位放线方法，并利用定位钢板对竖向钢筋进行定位固定，提高转换层钢筋定位精度，缩短施工周期。转换层预留钢筋的主要技术措施如下：

（1）转换层预留钢筋施工工艺操作流程：预留钢筋加工→钢筋绑扎→钢筋初步定位→第一次浇筑混凝土→放置工字钢→钢筋二次定位→安装定位钢板→钢筋精准定位→第二次浇筑混凝土。

（2）主要施工工艺：在墙顶处预留钢筋，分两次浇筑完成（图 5-4），第二次浇筑至墙顶标高。在

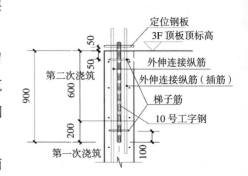

图 5-4　转换层施工示意

第一次浇筑前预埋工字钢，埋深至第一次浇筑混凝土高度下 200mm；在第二次浇筑前在墙顶部放置梯子筋并与工字钢焊接牢固，梯子筋与预留钢筋焊接；在墙顶上 50mm 处放置定位钢板，确保预留钢筋的位置准确、固定牢固且不会扰动。

（3）在转换层部位预留插筋的位置用施工前预先设计定制好的定型钢板模具（图

图 5-5　定型钢板模具示意

5-5），长度为预制板插筋区域长度、宽度为预制剪力墙宽度，定型钢板模具长度大于 1m 的厚度为 4mm，小于等于 1m 的厚度为 3mm，板四边直角翻边 20mm，相应预制剪力墙插筋的位置开大于插筋直径 4mm 的通孔，为便于浇筑混凝土和振捣，板的中部预留直径 70mm 的圆孔，待浇筑剪力墙混凝土时放入定型模具至剪力墙模板围住的剪力墙内，待混凝土强度达到设计要求后移除模具。

第三节　装配式建筑施工塔式起重机附着技术

一、塔式起重机的介绍与选型

塔式起重机是指动臂装在高耸塔身上部的旋转起重机。塔式起重机作业空间大，主要用于房屋建筑施工中物料的垂直和水平输送及建筑构件的安装，在装配式混凝土结构施工中，用于预制构件及材料的装卸与吊装。塔式起重机由金属结构、工作机构和电气系统三部分组成。

对于装配式混凝土建筑施工，垂直运输设备塔式起重机的选型是一项至关重要的工作。合理的塔式起重机选型可有效保证预制构件的施工安装效率，应结合工程项目实际情况、作业半径、最大预制构件起重量、吊装频次、经济性等综合分析，从而实现塔式起重机的最优选型。在装配式建筑施工中，塔式起重机选型的要点如下。

（1）塔式起重机选型首先取决于工程规模，如小型多层装配式混凝土工程项目，可选择小型经济型起重机，因小型工程所需要的吊次不高、吊装高度较低，为增加路式起重机覆盖面，经常选用自行式起重机，如汽车式起重机、履带式起重机。一般情况下，装配式混凝土工程项目，尤其是高层建筑的塔式起重机选型，宜选大不选小，因垂直运输能力直接决定结构施工速度的快慢，应对不同形式塔式起重机的差价与加快进度的经济效果进行综合比较，合理选择。

（2）塔式起重机选型应满足平面布置的要求，应根据平面布置图选择合适吊装半径的塔式起重机，保证吊装时施工安装场地无盲区；并检验构件堆放区域是否在吊装半径内，且相对于吊装位置正确，避免二次移位。

（3）塔式起重机选型应满足工程项目预制构件最大起重量的要求，主要考虑项目施工过程中，最远端预制构件及最重预制构件对塔式起重机吊装能力的要求，应根据其存放位置、吊运部位、距塔中心的距离等，综合确定该塔式起重机是否具备相应的起重能力，确定塔式起重机型号时应留有余地。

（4）在塔式起重机变幅方式方面，动臂式采用改变吊臂的仰角变幅，类似于履带式起重机，而平臂式采用吊臂上的小车变幅，变幅速度相对比较快，工作效率高；且动臂式塔式起重机比同吨位、同起重力矩的平臂式塔式起重机销售价格高，因此高层装配式混凝土剪力墙结构及框架结构一般选择平臂式塔式起重机。

（5）在平头塔式起重机、帽头塔式起重机的选择方面，装配式结构对吊装精度要求高，选择具有较高精度的塔式起重机可保证吊装质量，提高吊装效率，而平头塔式起重机相对帽头塔式起重机吊装精度相对较高，因此装配式结构一般采用吊装精度相对较高的平头塔式起重机。

（6）此外塔式起重机选型应满足机电设备吊装等其他各专业施工安装的需要。

装配式建筑塔式起重机总平面图布置标准应符合下列要求。

（1）塔式起重机承台规格根据所选塔式起重机的说明书确定，基础应先选择塔式起重机型号后再进行计算。塔式起重机基础尽量综合考虑放置在非后浇带及便于吊装、安装加固位置。

（2）塔式起重机覆盖范围在总平面图中应尽量避免居住建筑、高压线、变压器等，如有特殊情况应满足安全和规范要求。塔式起重机塔臂覆盖范围应尽量避开临时办公区、人员集中地带，如有特殊情况，应做好安全防护措施。

（3）根据《建筑机械使用安全技术规程》JGJ 33 规定，"当同一施工地点有两台以上塔式起重机时，应保持两塔式起重机间任何接近部位（包括吊重物）距离不得小于 2m。"

（4）塔式起重机所在位置必须满足临时道路吊装施工要求，应覆盖吊装区域内的模板堆放区、预制构件吊装区等吊装区域。

（5）塔式起重机所在位置应满足塔式起重机拆除要求，即塔臂平行于建筑物外边缘之间净距离大于等于 1.5m；塔式起重机拆除时前后臂正下方不得有障碍物。

二、塔式起重机附着锚固施工技术

（1）塔吊附着装置的设计应符合下列要求。

①当塔式起重机作附着使用时，附着装置的设置和自由端高度等应符合使用说明书的规定。

②当附着水平距离、附着间距等不满足使用说明书要求时，应进行设计计算，绘制制作图和编写相关说明。

③附着装置的构件和预埋件应由原制造厂家或由具有相应能力的企业制作。

④附着装置设计时，应对支承处的建筑主体结构进行验算。

（2）装配式混凝土高层建筑用塔式起重机一般均需在塔身中部与建筑物锚固附着，以保持上部机构的稳定。与传统现浇混凝土剪力墙结构不同的是，传统现浇结构可以根据塔式起重机锚固位置的受力计算，在结构外墙作局部配筋加强处理，附着锚固时所需穿墙洞可在墙体钢筋施工时留置，安装也有足够调整余量。而装配式剪力墙由于附着锚固施工作业时装配式结构外墙尚未形成整体受力，附着点的位置须提前与设计单位联系，经设计单位同意后再进行固定。

（3）为保证其可靠锚固，可穿过外窗洞口进入内墙锚固，因而对附着锚固施工增加了难度，既要求锚固点受力合理、位置准确，又要保证拉杆的锚固角度。塔式起重机锚固可采用三杆形成近似 N 形附着形式。附墙主要受力部件为 H 形钢梁，钢梁两端底脚与结构墙用穿墙螺栓连接，附着点设置在钢梁上，横、纵两个方向均对应窗口。塔式起重机附墙点位置处的混凝土墙体及连接钢梁等承受附加荷载后应满足强度要求。

第四节　装配式建筑施工附着式升降脚手架施工技术

一、附着式升降脚手架概述

根据现行行业标准《建筑施工工具式脚手架安全技术规范》JGJ 202 给出的定义，附着式升降脚手架是指："搭设一定高度并附着于工程结构上，依靠自身的升降设备和装置，可随工程结构逐层爬升或下降，具有防倾覆、防坠落装置的外脚手架"，俗称爬架。附着式升降脚手架有以下几方面的优点。

（1）节约材料。附着式升降脚手架架体搭设不超过五层楼高，根据施工进度逐层升

225

降，比双排脚手架从地面一直搭设到结构顶层，节约大量的钢管、扣件、脚手板及安全网。

（2）施工速度快：悬挑脚手架需要不断安拆，附着式升降脚手架 30 ~ 40min 即可升高一层，可满足结构施工 3 天 1 层、装修施工 1 天 2 层的进度需要。

（3）安全性好。采用多重附着于建筑外墙，设置多重水平防护，操作人员始终处于架体防护范围以内，可有效防止落物打击和人员坠落。

（4）节约人工费用。附着式升降脚手架架体搭设好后，只需少量人员就可对架体进行升降，节约大量人工。

（5）节约塔式起重机台班费用。附着式升降脚手架搭设好后，利用自身升降系统就可对附着式升降脚手架进行升降，节约大量塔式起重机台班费用。

（6）提高工作效率。采用附着式升降脚手架施工，节约工期，减少成本支出。

（7）附着式升降脚手架一次分摊费用少。附着式升降脚手架作为周转用设备，购买成本低，可多次使用，摊销费用少。

附着式升降脚手架是将落地式双排外脚手架抬到空中来，附着在在建工程上，自行升降，那么架体的整体性能要好，既要符合不倾斜、不坠落的安全要求，又要满足施工作业的需要。因此，检查验收附着式升降脚手架时，综合把关要注意掌握三个方面。

（1）附着式升降脚手架与建筑物必须有牢固的固定连接措施。

（2）升降过程中必须有可靠的防坠落、防倾覆和同步装置、捯链。

（3）整个架体连接要稳固。主框架、水平桁架必须是刚性连接（焊接或螺栓连接）。杆件必须呈三角形结构，做到受力合理且安全可靠。

二、附着式升降脚手架构造要求

（1）附着式升降脚手架应由竖向主框架、水平支承桁架、架体构架、附着支承结构、防倾装置、防坠装置等组成。

（2）竖向主框架（图 5-6）：附着式升降脚手架最主要的组成部分，垂直于建筑物外立面，并与附着支承结构连接，是主要承受和传递竖向和水平荷载的竖向框架。

（3）水平支承桁架（图 5-7）：宽度与主框架相同，平行于墙面，高度不宜小于 1.8m，最底层设置脚手板，与建筑物之间宜设置可翻转的密封翻板，板下用安全网兜底。它是主要承受架体竖向荷载，并将竖向荷载传递至竖向主框架的水平支承结构。

（4）架体构架（图 5-8）：在相邻两主框架之间和水平支承桁架之上的架体。

（5）附着式升降脚手架结构构造的尺寸应符合下列规定：

①架体高度不得大于 5 倍楼层高。

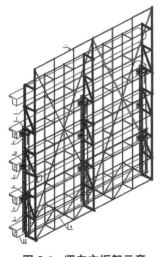

图 5-6　竖向主框架示意

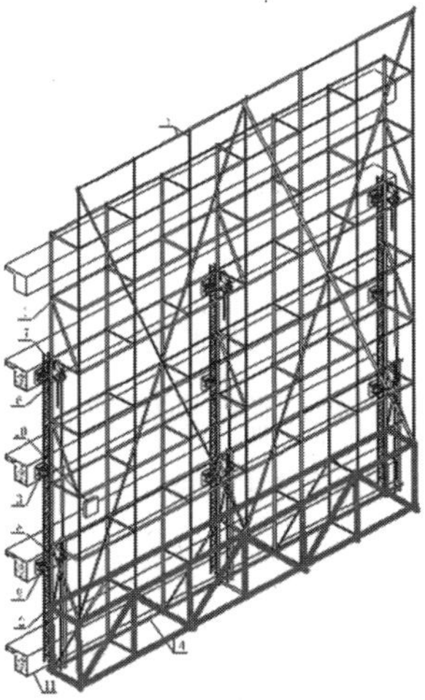

图 5-7　水平支承桁架示意

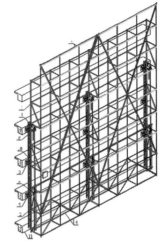

图 5-8　架体构架示意

②架体宽度不得大于 1.2m。

③直线布置的架体支承跨度不得大于 7m；折线或曲线布置的架体，相邻两主框架支撑点处的架体外侧距离不得大于 5.4m。

④架体的水平悬挑长度不得大于 2m，且不得大于跨度的 1/2。

⑤架体全高与支承跨度的乘积不得大于 110m²。

（6）附着式升降脚手架与预制构件结构的锚固点必须经设计确认并提前与构件生产厂家确定预留孔位置，原则上不得现场开孔。

（7）当附着式升降脚手架无法随结构同步升降时应暂停临边施工作业或采取其他有效防护措施后方可继续施工。

（8）附着式升降脚手架在满足装配式工程施工安全防护的基础上还必须遵守现行行业标准《建筑施工工具式脚手架安全技术规范》JGJ 202 的要求。

（9）带有保温层的预制外墙板宜在附墙支座处增加垫板以保护预制墙板，且附着式升降脚手架应进行承载力、变形、稳定性计算。

（10）附着式升降脚手架架体悬臂高度不得大于 6m，爬架在静止状态下应确保三道附墙支座，升降过程中应确保两道附墙支座。

三、装配式建筑附着式升降脚手架施工

（1）附着式升降脚手架提资要点：爬架预埋孔在构件厂家预留，预埋孔位置、强度应满足施工要求，施工时，模板拆除后可及时安装附墙支座，缩短提升准备时间。装配式建筑对施工图设计和预制构件深化设计的工作前置、各专业集成、精细化程度均提出了更高

要求。因此，施工预制构件深化设计的时间取决于施工图设计的完成时间及施工措施提资的时间。因此，施工措施提资是整个预制构件深化设计的关键，提资内容如下：

①在预制楼层的平面布置图中注明外墙上附着式升降脚手架固定点预留孔洞的平面定位。

②外墙、阳台上附着式升降脚手架固定点预留孔洞的平面定位及标高。

③外墙、阳台上附着式升降脚手架固定点预留洞口的规格及尺寸详图。

④附着式升降脚手架固定点在预制构件上时，预留洞口需进行钢筋加密。

（2）预制构件深化设计：提资内容由专业分包单位提供，经总包单位审核后提供至深化设计单位，深化设计单位通过三维建模综合考虑不同工况下施工现场的穿插及碰撞问题，与分包单位、总包单位共同评审调整提资内容。装配式混凝土建筑外墙多采用三明治保温墙板，由于附着式升降脚手架在使用过程中，大三角支座存在压杆，对三明治外墙的保温层和外叶板产生较大压力，为保证保温层和外叶板满足受力要求，需对大三角支撑压杆支座处作钢筋加强处理。

（3）附着式升降脚手架的搭设与安装前的准备工作应满足下列要求。

①根据工程特点与使用要求编制专项施工方案。对特殊尺寸的架体应进行专门设计，架体在使用过程中因工程结构的变化而需要局部变动时，应制订专门的处理方案。

②根据施工设计方案的要求，落实现场施工人员及组织机构，并进行安全技术交底。

③核对脚手架搭设材料与设备的数量、规格，查验产品质量合格证、材质检验报告等文件资料，必要时进行抽样检验。

（4）附着式升降脚手架的安装与搭设流程：根据图纸进行留孔→搭设安装平台→主框架整体组装→主框架安装调试→架体、底部桁架搭设→铺设脚手板，安全网封闭→安装提升装置、防坠器→检查、验收后投入使用→进行升降循环。

（5）附着式升降脚手架安装搭设前，应核验工程结构施工时留设的预留螺栓孔或预埋件的平面位置、标高和预留螺栓孔的孔径、垂直度等，还应该核实预留螺栓孔或预埋件处混凝土的强度等级。预留孔应垂直于结构外表面。不能满足要求时应采取合理可行的补救措施。

（6）附着式升降脚手架在安装搭设前，应设置安全可靠的安装平台来承受安装时的竖向荷载。安装平台上应设有安全防护措施。安装平台水平精度应满足架体安装精度要求，任意两点间的高差最大值不应大于20mm。

（7）在地面进行附着式升降脚手架的拼装的主要技术要求如下。

①用垫木把主框架下节、标准节垫平，穿好螺栓垫圈，并紧固所有螺栓（拼接时要把

每两节之间的导轨找正对齐）。

②把导向装置组装好安装在相应位置。

③把支座（附着支承结构）固定在主框架相应连接位置上，并紧固。

（8）竖向主框架安装时应符合下列规定。

①相邻竖向主框架的高差不应大于 20mm。

②竖向主框架和防倾导向装置的垂直偏差不应大于 5‰，且不得大于 60mm。

（9）水平支承结构安装时应符合下列规定。

①内外水平桁架的上弦杆之间应设置水平支承构件，当上弦平面设有定型金属脚手板，并与上弦杆可靠连接，能够起到水平支撑作用时，可以替代水平支承。

②水平支承结构不能连续设置时，局部可采用扣件式钢管脚手架连接，但其长度不得大于 2.0m，且应采取不低于原有的桁架强度和刚度的加强措施。

（10）附着支承安装时应符合下列规定。

①预留螺栓孔和预埋件应垂直于建筑结构外表面，预留孔中心到建筑梁底的距离不得小于 150mm，中心误差应小于 15mm。

②连接处所需要的建筑结构混凝土强度应由计算确定，但不应小于 C15。

③附着支承应采用不少于 2 个螺栓与建筑结构连接。

④附着支承应安装在竖向主框架所覆盖的每个已建楼层。当在建楼层无法安装附着支承时，应设置防止架体倾覆的刚性拉结措施。

（11）附着式升降脚手架的吊装应符合下列规定。

①当结构混凝土强度达到设计要求时，把支座与结构进行可靠连接。

②用起重设备把拼接好的主框架吊起，吊点设在上部 1/3 位置上。

③按照附着式升降脚手架方案要求，把主框架临时固定在建筑结构上。

④安装底部桁架，并搭设架体。

（12）架体的安全防护安装时应符合下列规定。

①架体外侧防护网应与架体主要受力杆件可靠连接。当采用金属防护网兼起剪刀撑作用时，防护网应设有金属边框和斜杆，且斜杆应满布并应与架体杆件紧固连接。金属防护网应能承受 1.0kN 偶然水平荷载的作用而不破坏。

②作业层应设置固定牢靠的脚手板，脚手板探头长度不得大于 150mm，与建筑结构的间距应满足现行行业标准《建筑施工扣件式钢管脚手架安全技术规范》JGJ 130 的规定。

③架体底部脚手板应与建筑结构全封闭，应设置翻转或抽拉式的硬质密封板。

④当作业层距楼面高度大于 2.0m 时，架体内侧应安装 1.2m 高的防护栏杆。

（13）附着式升降脚手架升降前，附着支承应与建筑结构可靠连接。连接处混凝土龄期试块轴心抗压强度应符合专项施工方案的要求，且不得小于 C15。连接螺栓的螺母厚度不应小于螺杆直径，螺杆露出螺母端部的长度不应少于 3 扣，且不得小于 10mm。垫板尺寸应由设计确定，且不得小于 100mm × 100mm × 10mm。

（14）附着式升降脚手架的升降操作应符合下列规定。

①任何人员不得停留在架体上或在架体上走动。

②架体上不得有施工荷载。

③所有妨碍升降的障碍物应全部拆除。

④所有影响升降作业的约束应全部解除。

⑤各相邻提升点间的高差不得大于 30mm，整体架最大升降差不得大于 80mm。

⑥架体悬臂高度不得大于架体高度的 2/5，且不得大于 8m。

（15）附着式升降脚手架安装后的调试验收应符合下列规定。

①架体搭设完毕后，应立即组织有关部门会同爬架单位对下列项目进行调试与检验，调试与检验情况应作详细的书面记录。

②架体结构中采用扣件式脚手杆件搭设的部分，应对扣件拧紧质量按 50% 的比例进行抽查，合格率应达到 95% 以上。

③对所有螺纹连接处进行全数检查。

④进行架体提升试验，检查升降机具设备是否正常运行。

⑤对架体整个防护情况进行检查。

⑥其他必需的检验调试项目。

（16）附着式升降脚手架提升的总体思路：插上防坠销，将提升支座提升至最上一层并固定，将调节顶撑拆开，调整电动升降设备并预紧，拔下承重支座承重销，松开防坠器。提升架体，支座上部插防坠销，承重支座安装好承重销，防坠支座安装好调节顶撑，锁紧防坠器，使用。

（17）在升降附着式升降脚手架之前，需对脚手架进行全面检查，详细的书面记录应包括以下内容。

①附着支撑结构附着处混凝土实际强度已达到脚手架设计要求。

②所有螺栓连接处螺母已拧紧。

③应撤去的施工活荷载已撤离完毕。

④所有障碍物已拆除，所有不必要的约束已解除。

⑤电动升降系统能正常运行。

⑥所有相关人员已到位，无关人员已全部撤离。

⑦所有预留螺栓孔洞或预埋件符合要求。

⑧所有防坠装置功能正常。

⑨所有安全措施已落实。

⑩其他必要的检查项目。

（18）附着式升降脚手架的提升人员落实到位，架体操作人员的组织：以若干个单片提升作为一个作业组，做到统一指挥，分工明确，各负其责。下设组长1名，负责全面指挥；操作人员1名，负责电动装置管理、操作、调试、保养的全部事项；在一个工程中，根据工期要求，可组织几个作业组各自同时对架体进行提升。升降过程中必须统一指挥，指令规范，并应配备必要的巡视人员。

（19）附着式升降脚手架升降后的检查验收应包括以下内容。

①检查拆装后的螺栓螺母是否真正按扭矩拧到位，检查是否有该装的螺栓没有装上；架体上拆除的临时脚手杆及与建筑的连接杆要按规定搭接，检查脚手杆、安全网是否按规定围护好。

②检查承重销及顶撑是否安装到位。

③检查防坠器是否锁紧。

④架体提升后，要由附着式升降脚手架施工负责人组织对架体各部位进行认真的检查验收，每跨架体都要有检查记录，存在问题必须立即整改。

⑤检查合格、达到使用要求后由附着式升降脚手架施工负责人填写《附着式升降脚手架施工检查验收表》，双方签字盖章后方可投入下一步使用。

（20）附着式升降脚手架提升过程中需要注意的事项。

①升降过程中，若出现异常情况，必须立即停止升降进行检查，彻底查明原因、消除故障后方能继续升降。每一次异常情况均应作详细的书面记录。

②整体电动爬架升降过程中由于升降动力不同步（相邻两榀主框架高差超过50mm）引起超载或失载过度时，应通过控制柜点动予以调整。

③邻近塔式起重机、施工电梯的附着式升降脚手架进行升降作业时，塔式起重机、施工电梯等设备应暂停使用。

④升降到位后，附着式升降脚手架必须及时予以固定。在没有完成固定工作且未办妥交付使用前，附着式升降脚手架操作人员不得交班。

（21）附着式升降脚手架的使用注意事项如下。

①附着式升降脚手架不得超载使用，不得使用体积较小而重量过重的集中荷载。如：

设置装有混凝土养护用水的水槽、集中堆放物料等。

②禁止下列违章作业：超载，将模板支架、缆风绳，泵送混凝土和砂浆的输送管等固定在脚手架上；悬挂起重设备，任意拆除结构件或松动连接件、拆除或移动架体上的安全防护设施，起吊构件时碰撞或扯动脚手架；使用中的物料平台与架体仍连接在一起；在脚手架上推车。

③附着式升降脚手架穿墙螺栓应牢固拧紧（扭矩为 700～800N·m）。检测方法：一个成年劳力靠自身重量以 1.0m 加力杆紧固螺栓，拧紧为止。

④施工期间，定期对架体及爬架连接螺栓进行检查，如发现连接螺栓脱扣或架体变形现象，应及时处理。

⑤每次提升，使用前都必须对穿墙螺栓进行严格检查，如发现裂纹或螺纹损坏现象，必须予以更换。

⑥对架体上的杂物、垃圾、障碍物要及时清理。

⑦螺栓连接件、升降动力设备、防倾装置、防坠装置、电控设备等应至少每月维护保养一次。

⑧遇五级以上（包括五级）大风、大雨、大雪、浓雾等恶劣天气时禁止进行附着式升降脚手架升降和拆卸作业，并应事先对脚手架架体采取必要的加固措施或其他应急措施。如将架体上部悬挑部位用钢管和扣件与建筑物拉结，以及撤离架体上的所有施工活荷载等。夜间禁止进行脚手架的升降作业。

⑨当附着式升降脚手架停用超过 3 个月时，应提前采取加固措施，如增加临时拉结、抗上翻装置、固定所有构件等，确保停工期间的安全；脚手架停用超过 1 个月或遇 6 级以上大风后复工时，应进行检查，确认合格后方可使用。

（22）附着式升降脚手架的拆除应符合下列规定。

①制定方案。根据施工组织设计和附着式升降脚手架专项施工方案，并结合拆除现场的实际情况，有针对性地编制附着式升降脚手架拆除方案，对人员组织、拆除步骤、安全技术措施提出详细要求。拆除方案必须经脚手架施工单位安全、技术主管部门审批后方可实施。

②方案交底。方案审批后，由施工单位技术负责人和脚手架项目负责人对操作人员进行拆除工作的安全技术交底；拆除人员需佩戴完备的安全防护，在拆除区域设立标志、警戒线及安检员。

③清理现场。拆除工作开始前，应清理架体上堆放的材料、工具和杂物，清理、拆除现场周围的障碍物。

④人员组织。施工单位应组织足够的操作人员参加架体拆除工作。

（23）附着式升降脚手架的拆除原则应符合下列规定。

①架体拆除顺序为先搭后拆、后搭先拆，严禁按搭设程序拆除架体。

②拆除架体各步时应一步一清，不得同时拆除 2 步以上。每步上铺设的脚手板以及架体外侧的安全网应随架体逐层拆除，是操作人员又一个相对安全的作业条件。

③各杆件或零部件拆除时，应用绳索捆扎牢固，缓慢放至地面、群楼顶或楼面，不得抛掷脚手架上的各种材料及工具。

④拆下的结构件和杆件应分类堆放，并及时运出施工现场，集中清理保养，以备重复使用。

⑤拆除作业应在白天进行，遇 5 级及以上大风、大雨、大雪、浓雾等恶劣天气时，不得进行拆除作业。

第五节　装配式建筑施工支撑技术

一、装配式建筑用斜支撑安装技术要点

1. 竖向构件用斜支撑的构造要求

（1）竖向构件斜支撑由支撑杆与 U 形卡座组成，该支撑体系用于承受竖向构件的侧向荷载和调整预制构件的垂直度（图 5-9）。

（2）预制墙板斜支撑安装前，先在叠合板现浇层内预埋螺栓，其外露高度不小于 40mm 且须垂直于板面。墙板吊装就位后，用螺栓将墙板的斜支撑杆安装在墙板和预埋螺栓连接件上。斜支撑的螺杆长度和可调节长度可根据项目实际情况进行定制加工。

（3）对于预制墙板（图 5-10a），临时斜支撑一般安放在其背面，一般不少两道，对于宽度比较小的墙板也可仅设置一道斜支撑。当墙板底没有水平约束时，墙板的每道临时支撑包括上部斜撑和下部支撑，下部支撑可做成水平支撑或斜向支撑。对于预制柱（图 5-10b），由于其底部纵向钢筋可以起到水平约束的作用，故一般仅设置上部斜撑。柱子的斜撑也最少要设置两道，且要设置在两个相邻的侧面上，水平投影相互垂直。

（4）临时斜支撑与预制构件一般做成铰接，并通过预埋件进行连接。考虑到临时斜支撑主要承受的是水平荷载，为充分发挥其作用，对上部的斜支撑，其支撑点距离板底的距离不宜小于板高的 2/3，且不应小于板高的 1/2。

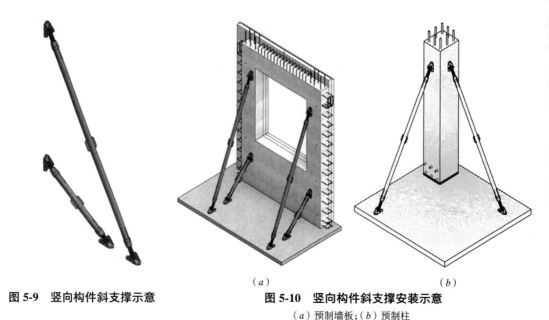

图 5-9　竖向构件斜支撑示意

图 5-10　竖向构件斜支撑安装示意

（a）　（b）

（a）预制墙板；（b）预制柱

2. 竖向构件用斜支撑安装技术要点

（1）装配式竖向部件临时斜支撑施工前应编制专项施工方案，并经审核批准后实施。斜支撑搭设前，项目技术负责人应按专项施工方案的要求对现场管理人员进行技术交底。

（2）施工现场应在叠合楼板后浇混凝土时预埋连接螺杆，连接螺杆应符合施工方案和设计要求，连接螺杆应与叠合楼板的主筋进行可靠连接。

（3）斜支撑固定时，预制混凝土部件、后浇混凝土强度不应低于设计强度的 75%。

（4）预制墙板安装时将墙板下口定位、对线，并用靠尺板找直，然后精调墙板安装位置，方法如下：

①垂直墙板方向利用下支撑杆，通过可调节装置对墙板根部进行微调。

②在平行墙板方向根据墙板控制轴线校正墙板位置，其偏差可用小型千斤顶在墙板侧面进行微调。

③在垂直墙板方向利用上支撑杆，通过可调节装置对墙板顶部进行微调。

④调整墙板水平标高时，在楼板面预设薄钢垫片，并调节到预定的标高位置，墙板吊装时直接就位至钢垫片上。

（5）斜支撑预埋连接螺杆处混凝土应平整、密实，混凝土强度应满足预埋螺杆抗拔要求。

（6）吊装预制混凝土部件时，必须符合以下规定。

①作业前应检查绳索、卡具、吊环，必须完整有效，符合规范要求。

②吊装时应有专人指挥，统一信号，密切配合。

③吊装存在盲区时，司机操作室应设置视频监控装置。

④五级及以上大风天气应停止吊装作业。

（7）斜支撑搭设应符合下列规定。

①斜支撑的布置应根据施工方案进行，应避免与模板支架、相邻支撑冲突。

②预制混凝土部件下落时缓慢进行。

③预制混凝土部件就位后先安装上支撑杆，再安装下支撑杆进行临时固定。

④转动下支撑杆的转动手柄，调整预制混凝土部件的位置。

⑤转动上支撑杆的转动手柄，调整预制混凝土部件的垂直度。

⑥待预制混凝土部件安装完成并检查合格后，方可落绳结束吊装。

（8）斜支撑拆除时应符合下列规定。

①斜支撑的拆除应按施工方案确定的方法和顺序进行。

②斜支撑应经项目技术负责人同意后方可拆除，拆除前，后浇混凝土强度应达到设计要求；当设计无具体要求时，该层后浇混凝土强度应达到设计强度的 75% 以上方可拆除斜支撑。

③拆除前，灌浆连接强度应符合设计要求；当设计无具体要求时，灌浆连接强度应达到设计强度的 90% 以上方可拆除斜支撑。

④拆除的斜支撑构件应及时分类码放整齐，以便周转使用。

二、装配式建筑用独立支撑安装技术要点

1. 水平构件用独立支撑的构造要求

1）水平构件独立支撑的特点

（1）应用范围广。独立支撑可同主次梁及竹、木胶合板或塑料模板组成早拆模板体系，独立支撑可同钢框胶合板模板组成台模体系，独立支撑可同铝合金模板及组合式带肋塑料模板配套分别组成铝合金模板体系及组合式带肋塑料模板体系等。早拆模板体系中的独立支撑不受固定平面尺寸的约束，支撑间距、主次梁间距可根据梁板荷载及时调整，适应在规则的或不规则的建筑平面广泛应用。

（2）应用方便。独立支撑可伸缩调节长度尺寸，并可微调相互之间无固定的水平连接杆件。独立支撑顶部配有相应的支撑头，同主次梁、钢铝框模板、铝合金模板、塑料模板等连接，安装、拆除方便。

（3）安全可靠。独立支撑在垂直状态用于承受建筑物水平结构自重、模板系统自重和施工荷载。独立支撑之间除配有临时稳定连接或用于加固的三脚架，不设固定的水平连接

杆件，稳定可靠。独立支撑倾斜状态用作模板斜撑，保持竖向结构模板稳定。

（4）施工速度快。独立支撑系统结构简单，用钢量少，因此劳动量相应减少，劳动效率高。以塔式住宅楼为例，每层 600～800m² 支模面积仅需半天，仅为其他支撑系统 1/3～1/2 的时间；节省大量钢材，在同样支模面积条件下，独立支撑比碗扣式支模架、钢管扣件支模架耗钢量少，约为碗扣架或钢管架的 30%。

（5）降低施工成本。由于减少了水平模板及支撑系统的一次投入量，又能实现梁板模板早拆，加速模板及支撑系统的周转，同时，节约了大量人工费，因此能明显降低施工成本。

（6）施工现场文明通畅。独立支撑的施工现场，立杆少、无水平杆，因而人员通行、材料搬运畅通，现场文明整洁。

（7）垂直运输减少。独立支撑可由人工从楼梯间倒运，也可集中到卸料平台上，由塔式起重机垂直运输，由于独立支撑用钢量少，因此垂直运输量明显减少。

2）水平构件独立支撑（图 5-11）主要由独立钢支柱、铝合金梁和稳定三脚架组成。独立钢支柱主要由外套管、内插管、调节装置等组成，是一种可伸缩微调的独立钢支柱，主要用于预制构件水平结构作垂直支撑，能够承受梁板结构自重和施工荷载。稳定三脚架的腿部用薄壁钢管焊接做成，核心部分有一个锁具，靠偏心原理锁紧。

3）独立钢支柱插管与套管的重叠长度不应小于 280mm，独立钢支柱套管长度应大于独立钢支柱总长度的 1/2 以上。

4）独立钢支柱采用 U 形顶托时，铝合金梁应居中布置，两侧间隙应楔紧；采用板式顶托时，顶托与铝合金梁之间应采取可靠的固定措施。

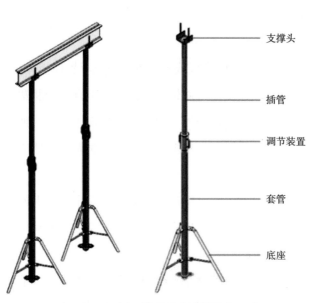

5）独立支撑应设置水平杆或三脚架等有效防倾覆措施。

6）采用三脚架作为防倾覆措施时，应符合下列规定。

（1）三脚架宜采用直径不小于 32mm 的普通焊接钢管制作。

（2）三脚架支腿与底面的夹角宜为 45°～60°，底面三角边长不应小于 800mm。

（3）三脚架应与独立钢支柱进行可靠连接。

7）独立支撑的布置除应满足预

图 5-11 水平构件独立支撑示意

支撑头

插管

调节装置

套管

底座

制混凝土梁、板的受力设计要求外，还应符合下列规定。

（1）独立钢支柱距结构外缘不应大于 500mm。

（2）独立支撑的铝合金梁宜垂直于叠合板桁架钢筋、叠合梁纵向布置。

（3）装配式结构多层连续支撑时，上、下层支撑的立柱宜对准。

8）叠合板底板就位前应在跨内及距高支座 500mm 处设置临时支撑。当轴距 $L < 4.8m$ 时跨内设置一道支撑；当轴距 $4.8m \leqslant L \leqslant 6.0m$ 时跨内设置两道支撑。支撑顶面应可靠抄平，以保证底板底面平整。

2. 水平构件独立支撑安装技术要点

（1）独立支撑施工前应编制施工方案，并应经审核批准后实施。施工方案宜包括：编制依据、工程概况、布置方案、施工部署、搭设与拆除、施工安全质量保证措施、施工监测、应急预案、计算书及相关图纸等。独立支撑搭设前，项目技术负责人应按施工方案的要求对现场管理人员和作业人员进行技术和安全作业交底。

（2）独立支撑的搭设场地应坚实、平整。底部应作找平夯实处理，承载力应满足受力要求。

（3）独立支撑安装前应准确放出叠合板的安装位置，在剪力墙面上弹 +1m 水平线，在墙顶弹叠合板安放位置线并作明显标志，以控制叠合板安装标高和平面位置。独立支撑间距为 1500 ~ 1800mm。安装楼板前，应调整支撑至设计标高，以控制剪力墙或梁顶面的标高及平整度。

（4）独立支撑搭设应按专项施工方案进行，并应符合下列规定。

①独立支撑应按设计图纸进行定位放线。

②将插管插入套管内，安装支撑头，并将独立钢支柱放置于指定位置。

③水平杆、三脚架等稳固措施应随独立支撑同步搭设，不得滞后安装。

④根据支撑高度，选择合适的销孔，将插销插入销孔内并固定。

⑤根据设计图纸安装、固定铝合金梁。

⑥校正纵横间距、立杆的垂直度及水平杆的水平度。

⑦调节可调螺母使支撑头上的铝合金梁顶至预制混凝土梁、板底标高。

（5）采用独立支撑的预制混凝土梁、板的吊装应符合以下规定。

①应根据预制混凝土梁、板的形状、尺寸、重量和作业半径等要求选择吊具和起重设备，所采用的吊具和起重设备及其施工操作应符合国家现行有关标准的规定。

②预制混凝土梁、板吊运就位时，应缓慢放置，待预制混凝土梁、板放置于独立支撑上稳固后，方可摘除卡环。

③预制混凝土梁、板与铝合金梁应结合严密，确保荷载可靠传递。

（6）独立支撑拆除时应符合下列规定。

①独立支撑的拆除应按施工方案确定的方法和顺序进行。

②作业层混凝土浇筑完成后，方可拆除下层独立支撑水平杆、三脚架等构造措施。

③独立支撑拆除前混凝土强度应达到设计要求；当设计无要求时，混凝土强度应符合现行国家标准《混凝土结构工程施工质量验收规范》GB 50204 的相关规定。

④独立支撑的拆除应符合现行国家相关标准的规定，装配式结构应保持不少于两层连续支撑。

⑤拆除的支撑构配件应及时分类，并按指定位置存放。

第六节　装配式混凝土结构施工验算参考

一、预制构件起吊验算

对于水平构件，大多采用平躺方式制作，其最不利的荷载工况可能是脱模起吊，而对于叠合构件，当没有设置竖向临时支撑时，其最不利的荷载还可能出现在浇筑混凝土时。对于竖向构件，有些也采用平躺方式制作，如预制框架柱等，也可能采用水平方式吊运和运输，即施工阶段的受力与其作为正式结构构件的受力状态完全不同，此种情况下构件的配筋可能由施工阶段控制。为通过施工验算，加大构件的截面和配筋是最直接的方式，而通过调整吊点的位置、数量以及吊运形式则是较为经济的方式。对于柱、墙板等竖向构件，安装后大多会及时安装临时支撑，作用在构件上的水平荷载相对于构件的自重是比较小的，对此种施工状态只需对支垫和临时支撑进行验算即可。

某实心钢筋混凝土平板长 b=4800mm，宽 a=2500mm，厚 t=200mm，采用 4 点水平起吊。为使吊点处板面的负弯矩与吊点间正弯矩大致相等，参考美国《PCI 设计手册》，确定吊点位置如图 5-12 所示。脱模时，严格要求该平板不得开裂。脱模前，经测试知道同条件养护的混凝土立方体试块抗压强度度为 18.5MPa，验算是否可以脱模起吊。

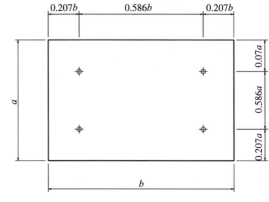

图 5-12　4 点水平起吊外墙板

解：钢筋混凝土重度取 $25 \times 10^{-6}\text{N/mm}^3$，脱模吸附系数取 1.5，则等效均布荷载 q_e 为：

$q_e = 200 \times 25 \times 10^{-6} \times 1.5 = 7.5 \times 10^{-3}\text{N/mm}^2$。

由于 $0.5a = 0.5 \times 2500 = 1250\text{mm} < 15t = 15 \times 200 = 3000\text{mm}$，取计算宽度为 $0.5a$，最大的弯矩为：

$$M_{max}^+ = M_{max}^- = \frac{1}{2} \times \frac{1}{2} a \times q_e \times (0.207b)^2 = 0.0107 q_e a b^2$$

因此，板面最大拉应力 $\sigma_{ct,max}$ 为：

$$\sigma_{ct,max} = \frac{M_{max}^+}{at^2/12} = 0.128 \times 4 q_e (\frac{b}{t})^2 = 0.128 \times 4 \times 7.5 \times 10^{-3} \times (\frac{4800}{200})^2 = 0.555\text{MPa}$$

对于 $f_{cu}' = 18.5\text{MPa}$，按《混凝土结构设计规范》GB 50010—2010 中表 4.1.3-2 插值可得相应的 $f_{tk}' = 1.46\text{MPa}$，则有 $\sigma_{ct,max} < f_{tk}'$，满足施工规范的要求，可以脱模起吊。

二、竖向构件的临时支撑验算

竖向构件在安装就位后，包括自重在内的竖向荷载可以传递到下层的支撑结构上，施工验算需考虑的是风荷载以及结构施工所可能产生的附加水平荷载。临时斜撑是竖向构件最常用的临时固定措施。

对于预制墙板，临时斜撑一般安放在其背面且一般不少于两道，对于宽度比较小的墙板也可只设置一道斜撑。当墙板底部没有水平约束时，墙板的每道临时支撑包括上部斜撑和下部支撑，下部支撑可做成水平支撑或斜向支撑。临时支撑与柱、墙板及楼板一般做成铰接，可通过预埋件进行连接。对于预制柱，由于其底部纵向钢筋可以起到水平约束的作用，因此其支撑以斜撑为主。考虑到临时斜撑主要承受的是水平荷载，为充分发挥其能力，对上部的斜撑，其支撑点距离板构件底部的距离不宜小于构件高的 2/3。

北京某 30 层（高 90m）办公楼建筑采用预制复合保温外墙板，长为 3900mm，高为 3300mm。预制墙板总厚为 250mm，其中轻质保温厚度为 60mm。采用临时支撑产品，根据厂家提供的产品技术手册，拟选用的临时斜撑承载力标准值为 24kN，临时水平支撑承载力标准值为 12kN（图 5-13），试验算临时支撑是否满足要求。

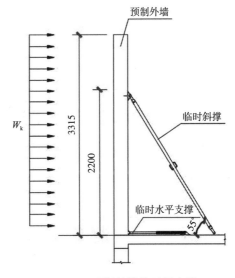

图 5-13　预制外墙临时板支撑

解：预制外墙板吊装就位后，需要在墙的背面安装临时支撑以抵抗风荷载或其他施工荷载的作用。预制外墙板的临时支撑共设置两道，每道包括上部的临时斜撑以及底部的水平支撑各一道。根据荷载规范，按外围护结构确定预制外墙板的风荷载，取风荷载重现期为 10 年，相应的风压 $w_0=0.30\text{kN/m}^2$，按最不利的情况考虑（90m 高），则有 $\beta_{gz}=1.62$，$\mu_z=1.62$，$\mu_{sl}=1.3$，风荷载标准值为：

$$w_k=\beta_{gz}\mu_{sl}\mu_z w_0=1.62\times1.3\times1.62\times0.30=1.02\text{kN/m}^2$$

因此，上部临时斜撑的轴力标准值为：

$$T_{1k}=\frac{1.02\times3.9\times3.3\times3.3/2}{2\times2.2\times\cos55°}=8.58\text{kN}$$

下部临时水平支撑的轴力标准值为：

$$T_{2k}=1.02\times3.9\times3.3/2-8.58\times\cos55°=1.64\text{kN}$$

对于上部的临时斜撑，其施工安全系数为 24/8.58=2.8，对于下部的临时支撑，其施工安全系数为 12/1.64=7.3，均大于 2.0，满足施工规范的要求。

三、水平构件的临时支撑验算

在装配整体式混凝土结构中，水平预制梁、板大多采用叠合构件，预制构件承受的施工荷载比较大，当竖向支撑构件无法满足施工支撑要求，或者预制构件自身不能承受施工荷载时，需要在水平构件下方设置临时竖向支撑，在预制构件两端设置临时托架或临时支撑次梁等。施工规范要求每个预制构件的临时支撑宜不少于两道，水平构件的临时支撑道数指的是立杆数。临时支撑顶部标高应符合设计规定，并应考虑支撑系统自身在施工荷载作用下的变形。在预制梁与预制板形成整体刚度前，支撑系统应能够承受预制楼板的重力荷载，以避免由于荷载不平衡而造成预制梁发生扭转、侧翻。多层楼板系统未形成整体刚度前，整个结构的整体性较差，支撑系统应能确保避免意外荷载造成的结构连续倒塌。

四、预埋吊件验算

预埋吊件是指在混凝土浇筑成型前埋入预制构件内，用于吊装连接的金属件。吊环是我国传统使用的预埋吊件，在设计规范中有详细的设计要求。在实际工程应用中，由于用热轧光圆钢筋制作的吊环设计强度低、锚固长度长，故耗材较多，经济性差，且当构件安装就位后，需将吊环外露部分切割掉，影响有高品质要求的预制件外观质量和耐久性。国外很少采用热轧光圆钢筋吊环，而主要采用高强钢丝绳或预应力钢绞线吊环、螺纹埋件以及专用预埋件产品等。

　　近年来，国内也有工程开始采用专用预埋吊件，其形式有内埋式螺母、内埋式吊杆或预留吊装孔等，并采用配套的专用吊具实现吊装。专用预埋吊件构造比较复杂，实际承载力计算缺少相关公式作为依据，需要通过试验加以统计确定。设置专用预埋吊件时，预埋吊件到构件边缘最小距离、预埋吊件的中心最小间距、预埋吊件的固定方式、预埋吊件周围的附加钢筋以及起吊时混凝土的最小强度应严格遵守产品应用技术手册的要求。

第六章

BIM 技术在装配式项目各阶段的应用

第一节　BIM 技术在装配式建筑设计阶段的应用

　　装配式建筑设计阶段能够更加明显地突出 BIM 技术的优势。在设计阶段，可以利用 BIM 技术构建的三维模型完成图纸设计，能够精确地测量和计算相关数据，可以加强各个部门的沟通。在设计阶段，设计人员只需要将相关参数准确地输入到 BIM 系统中就可以自动生成设计方案，并且形成三维立体模型，还可以实现平面图纸和三维立体模型的自由切换，大大提高了设计效率和准确度。同时，通过碰撞检查还能够及时查找设计方案存在的不足，设计人员只需要修改一项参数，系统就可以自动将与之关联的数据改变，快速调整设计方案，大大节省了设计人员的工作量。利用 BIM 技术设计装配式建筑项目可以模拟整个施工过程，在设计阶段预防施工阶段的常见问题。此外，BIM 技术还有着强大的计算功能，传统装配式建筑工程量核算和预算方案制订时往往需要工作人员进行大量的计算，投入的时间、精力都较多，而 BIM 技术的应用，可以根据模型自动生成工程量，不但提高了计算的效率，还可以提升计算准确性，减少漏项、重叠等方面的问题。

第二节　BIM 技术在装配式建筑施工阶段的应用

一、优化场地布置

　　利用 BIM 技术可以优化装配式建筑的场地布置，将材料堆放位置、范围、空间等进行合理规划，提高材料利用率的同时保证现场交通情况。装配式建筑使用现场有着十分复杂的流程和较多的物料，管理人员可以利用 BIM 技术提供的各项数据信息优化布置现场，明确安装构件的流程，同时提升构件管控的能力。此外，还可以利用 BIM 技术构建施工现场模型并且完成施工作业计划的编制，全方位分析各类施工信息，有序地安排各个构件的入场顺序，做好规划目标的制订。管理人员在各个构件到达现场后需要合理储存，合理配置各项资源，划分出不同的功能区域，避免损耗材料。

二、方案比选

利用 BIM 模型可以全面对比分析装配式建筑的施工方案，在方案确定实施，整合各项数据信息，在 BIM 模型中录入工程实际施工数据，确保各项计划得到落实。将 BIM 技术与装配式建筑吊装工作相结合，可以提升吊装质量，保证准确地安装各项构件。管理人员要科学地检验施工现场内部的各项预制构件，对预制构件质量是否达到施工标准进行重点检查，通过性能检验确定构件质量。同时，管理人员要结合装配式建筑施工现场的具体情况开展调度工作，科学地分析各类预制构件的相关信息，比对施工方案，将实际情况和施工方案中的差异及产生原因进行分析总结，明确实际施工是否能够达到预期质量目标。此外，通过远程监控可以及时发现违规操作、安全隐患等问题，及时采取预防应对措施。

三、仿真模拟施工

装配式建筑工程建设中，通过构建立体模型仿真模拟施工过程。管理人员利用相关软件认真地分析装配式建筑内部的各项构件和安装节点，科学地配置工程项目施工场地内部的各项资源。还可以利用 BIM 技术的仿真模拟功能可视化分析各个构件尺寸、作用，准确核对各项构件数据，提升施工效率。此外，管理人员利用仿真模拟功能还可以全方位地分析施工作业现场的具体情况，对施工方案进行相应的调整，缩短装配式建筑的整体施工工期，全面提升项目的综合效益。

第三节　BIM 技术在装配式建筑运维阶段的应用

一、空间管理

空间管理主要应用在照明、消防等各系统和设备空间定位，获取各系统和设备空间位置信息，把原来的编号或文字表示变成三维图形位置，直观形象且方便查找。如通过 RFID 获取大楼安保人员位置；消防报警时，在 BIM 模型上快速定位所在位置，并查看周边疏散通道和重要设备等。

其次应用于内部空间设施可视化。传统建筑业信息都存在于二维图纸和各种机电设备操作手册上，需要使用时由专业人员去查找、理解信息，然后据此决策对建筑物进行一个恰当动作。利用 BIM 技术将建立一个可视化三维模型，所有数据和信息可以从模型中获取和调用，如装修时可快速获取不能拆除的管线、承重墙等建筑构件的相关属性。

二、设施管理

设施管理主要包括设施装修、空间规划和维护操作。美国国家标准与技术协会（NIST）于 2004 年进行了一次研究，业主和运营商在持续设施运营和维护方面耗费的成本几乎占总成本的三分之二，这次统计反映了设施管理人员的日常工作烦琐、费时。而 BIM 技术能够提供关于建筑项目协调一致、可计算的信息，因此该信息非常值得共享和重复使用，且业主和运营商可降低由于缺乏互操作性而导致的成本损失。此外，还可对重要设备进行远程控制，把原来商业地产中独立运行的各设备通过 RFID 等技术汇总到统一平台进行管理和控制。通过远程控制，可充分了解设备的运行状况，为业主更好地进行运维管理提供良好条件。

设施管理在地铁运营维护中起到了重要作用，在一些现代化程度较高、需要大量高新技术的建筑中，如大型医院、机场、厂房等，也会得到广泛应用。

三、隐蔽工程管理

建筑设计时可能会对一些隐蔽管线信息不能充分重视，特别是随着建筑物使用年限的增加，这些数据的丢失可能会为日后的安全工作埋下很大的安全隐患，但是 BIM 运维管理软件可以帮助运维人员有效管理。

基于 BIM 技术的运维可以管理复杂的地下管网，如污水管、排水管、网线、电线及相关管井，并可在图上直接获得相对位置关系。当改建或二次装修时可避开现有管网位置，便于管网维修、更换设备和定位。内部相关人员可共享这些电子信息，有变化可随时调整，保证信息的完整性和准确性。

四、应急管理

基于 BIM 技术的管理杜绝盲区的出现。公共、大型和高层建筑等作为人流聚集区域，突发事件的响应能力非常重要。传统突发事件处理仅仅关注响应和救援，而通过 BIM 技术的运维管理对突发事件管理能够包括预防、警报和处理。如遇消防事件，该管理系统可通过喷淋感应器感应着火信息，在 BIM 信息模型界面中就会自动触发火警警报，对着火区域的三维位置立即进行定位显示，控制中心可及时查询相应的周围环境和设备情况，为及时疏散人群和处理灾情提供重要信息依据。

五、节能减排管理

通过 BIM 结合物联网技术，使得日常能源管理监控变得更加方便。通过安装具有传感功能的电表、水表、煤气表，可实现建筑能耗数据的实时采集、传输、初步分析、定时定点上传等基本功能，并具有较强的扩展性。系统还可以实现室内温湿度的远程监测，分析房间内的实时温湿度变化，配合节能运行管理。在管理系统中可及时收集所有能源信息，并通过开发的能源管理功能模块对能源消耗情况进行自动统计分析，且对异常能源使用情况进行警告或标识。

案例分析——以北京市某项目为例

1. 项目运维目标

（1）以建筑信息模型的制作、存储、计算、浏览、交互等功能为基础，贯穿空间管理、资产管理、维护管理、公共安全管理和能耗管理等多个方面。

（2）以房屋设施、设备、空间管理为核心，满足单位在空间方面的多种管理和分析需求，更好地响应对空间分配的请求及高效处理日常相关事务，合理进行空间分配和规划，明确空间使用状态，规避潜在风险，提高投资回报率。

2. 运维平台开发

在目标明确的前提下，平台设计为四个模块：①选房系统；②工单系统；③决策系统；④运维系统（图 6-1）。

图 6-1　运维云平台

运维平台软件架构设计分为四层，自底向上分别是：

（1）基础设施层：包括私有云基础设施，CPU、内存、存储、显卡资源池化管理，最大限度地利用硬件提供的计算资源，并通过虚拟化技术使平台支持多样的操作系统和应用系统。

（2）数据资源层：包括 BIM 模型数据、矢量图层数据、安防视频数据、各应用系统的业务数据、传感器数据等。

（3）共享服务层：包括 BIM 三维引擎、GIS 引擎、即时消息服务、综合报表服务以及传感器数据接口等。

（4）应用层：包含 BIM 三维信息管理系统、设备信息管理系统、决策分析系统、应急处置与管理系统、智能化系统第三方接入、移动终端系统、房屋信息管理系统、综合办公系统、运维保障系统。

组织实施流程如图 6-2 所示。

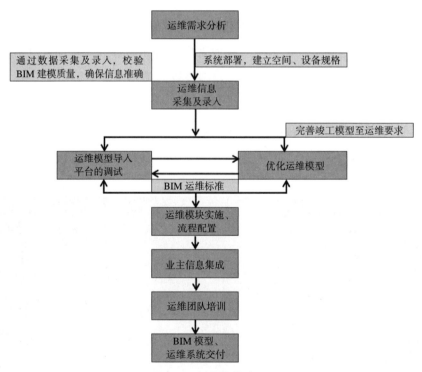

图 6-2　组织实施流程

3. 运维模型交付标准与验收机制

BIM 模型标准是指导整个项目实施的重要指导文件，各参与方需采用统一的建模方法，达到 BIM 模型施工应用、后期运维的要求，支撑 BIM 运维平台的应用，标准还需要能够指导 BIM 模型的协同、管理与交付验收。同时，项目 BIM 模型标准还应符合国家、行业、地方标准和建设单位有关标准的规定。本项目总结形成的标准有：

1）项目最初为实现 BIM 模型的可传递性，组织相关人员在咨询单位的辅助下，编制出适用于项目施工的 BIM 建模标准。

2）项目在运维平台研发完成后，为满足后期 BIM 运维需求，经过反复试验修改模型，最终完成适用于运维平台的 BIM 运维交付标准。

3）模型验收机制。

（1）模型验收具备的条件：①与现场一致；②适用于运维平台。

（2）模型验收要点：为保证模型的正确性与适用性，模型验收按照基础、结构、建筑、装修、机电分专业、分阶段进行。项目一线管理人员参与模型验收，对模型是否存在的问题有预判，利于模型的完善。运维模型需要进行信息录入，具体需要录入哪些信息，要充分调研建设单位后期的运维需求、工作流程和平台功能，模型的编码、分类一定要与平台功能相吻合。

（3）模型验收流程如图 6-3 所示。

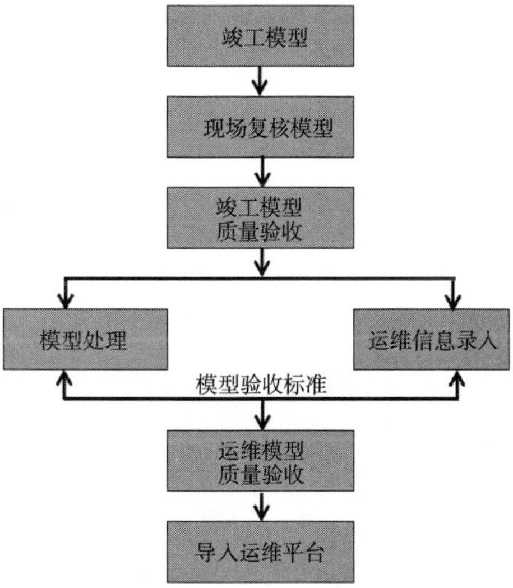

图 6-3　模型验收流程

4. 运维模型数据导入

该系统所依赖的模型数据是在项目施工阶段产生的，在竣工模型中应录入空间、物理、设备等信息。该系统按照交付标准对模型进行简单的修改编辑，通过轻量化技术及批量导入功能将模型纳入到平台中，运用自主的三维引擎实现跨平台（PC 电脑、主流移动终端）的三维模型浏览、操作，以及围绕模型集成的传感器信息交互、摄像头信息交互功能（图 6-4 ~ 图 6-6）。

5. 基于 BIM 技术的超低能耗建筑运维管理解决方案

1）超低能耗建筑运维需求

该项目超低能耗室内环境设计条件：室内温度：$20 \sim 26$℃，超温频率不大于 10%；室内相对湿度：$35\% \sim 65\%$；室内 CO_2 浓度不大于 1000×10^{-6}；围护结构非透明部分内表面温差不超过 3℃，围护结构内表面温度不低于室内温度 3℃；室内允许噪声级：卧室、起居室不大于 30dB，设新风机的厨房不大于 35dB。按照北京市超低能耗示范项目要求，建设单位需要通过 BIM 运维管理平台搜集三年内的室内环境数据与能耗数据。

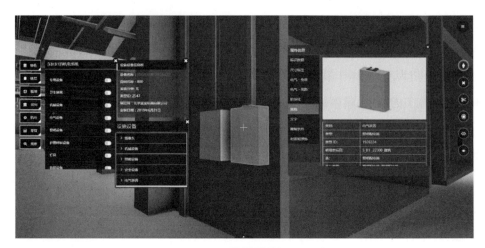

图 6-4　运维模型数据导入

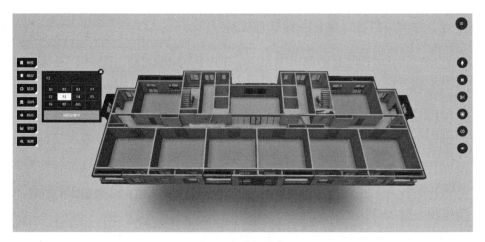

图 6-5　空间信息

图 6-6　设备信息

2）超低能耗建筑与普通住宅对比

根据项目超低能耗建筑与普通建筑室内环境与能耗的对比方案，制订了依靠多种传感器进行数据自动采集的方案。选定 3 栋超低能耗建筑和 2 栋普通楼房作对比，每栋楼选用两层进行智能化传感器部署，采用科学的方法对超低能耗建筑能源系统及建筑物理环境进行监测、分析、评价，再对比普通建筑进行数据分析，为 BIM 运维平台提供决策依据。

6. 多种室内环境传感器的研发与集成应用

1）传感器的选型

在充分了解超低能耗建筑特点后，该项目将对被动房内部的电力能源、新风控制系统、环境参数（包括温、湿度、PM2.5、二氧化碳、噪声等）指标进行监测。并对被动房外部及周边环境进行监测，如新风总进口相关环境参数（如温、湿度、PM2.5、二氧化碳等），同时也监测地下新风管土层温度及集气室的温度。另外，针对公租房特点，以租住为主的租户希望对于漏水及其他突发情况能够及时得到处理，因此在户内新添置一键报修等便民传感器（图 6-7）。

图 6-7　传感器选型

2）传感器集成应用（表 6-1）

传感器清单（含传感器功能、数量、位置）　　　　　　　　　　　表 6-1

一、环境监测类（公共区域）				
序号	布置位置	传感器或设施	品牌型号	合计数量	功能
1	集线间内	温湿度传感器（有线）	立群 LQWSD	1	监测漏水、热水温度
2	集线间外	温湿度传感器（无线）	立群 LQWXRSETH-M	1	

序号	布置位置	传感器或设施	品牌型号	合计数量	功能
一、环境监测类（公共区域）					
3	集线间外	环境监测传感器（无线）	立群 LQHJCGQ	1	监测漏水、热水温度

序号	布置位置	传感器或设施	品牌型号	5栋试验楼宇每栋2层合计数量	功能
二、能耗监测类清单					
1	21、22号楼实验楼层新风入口处	温湿度（无线传输）	立群 LQWXRSETH-M	4	监测新风损耗和新风空气质量
2	21、22号楼实验楼层新风入口处	风压（无线传输）	华控兴业，HSTL-FY01+无线模块	4	—
3	21、22号楼实验楼层新风入口处	风速（无线传输）	建大仁科，风速+无线模块	4	—
4	21、22号楼实验楼层新风入口处	二氧化碳（无线传输）	立群 LQWXEYHT	4	—
5	21、22号楼实验楼层新风入口处	PM2.5（无线传输）	立群 LQWXPM2.5	4	—
6	21、22号楼各楼地道风总进风口处	温湿度（无线传输）	立群 LQWXRSETH-M	1	监测新风损耗和新风空气质量
7	21、22号楼各楼地道风总进风口处	风压（无线传输）	华控兴业，HSTL-FY01+无线模块	1	—
8	21、22号楼各楼地道风总进风口处	风速（无线传输）	建大仁科，风速+无线模块	1	—
9	21、22号楼各楼地道风总进风口处	二氧化碳（无线传输）	立群 LQWXEYHT	1	—
10	21、22号楼各楼地道风总进风口处	PM2.5（无线传输）	立群 LQWXPM2.5	1	—
11	地道风地下总风口处（进风）	温湿度（无线传输）	立群 LQWXRSETH-M	1	监测新风损耗和新风空气质量
12	地道风地下总风口处（进风）	风压（无线传输）	华控兴业，HSTL-FY01+无线模块	1	—
13	地道风地下总风口处（进风）	风速（无线传输）	建大仁科，风速+无线模块	1	—
14	地道风地下总风口处（进风）	二氧化碳（无线传输）	立群 LQWXEYHT	1	—
15	地道风地下总风口处（进风）	PM2.5（无线传输）	立群 LQWXPM2.5	1	—
16	实验楼层新风室新风系统通信接口（参看弱电图）	新风系统数据接收模块软件	定制	1	监测新风损耗和新风空气质量
17	地道风土层监测	温度（定制化防水防腐管线一点四温）	立群 LQFSFFWSD	6	监测地道风土层对新风温度的影响
18	普通建筑实验楼层分户客厅的环境测量（灯光开关右侧，此处将涉及改动设计）	集成有线传感器（温度、湿度）	立群 LQJCWSD	32	对比普通建筑与超低能耗建筑居住环境（舒适度）

续表

二、能耗监测类清单				
序号	布置位置	传感器或设施	品牌型号	5 栋试验楼宇每栋 2 层合计数量	功能
19	分户被动房、普通实验楼层入户强电箱处（分户总电量）	分项电计量模块	立群 LQFXDJL	80	对比普通建筑与超低能耗建筑能耗
20	实验 5 栋楼地下总配电室里	分项电计量模块	立群 LQFXDJL	5	对比普通建筑与超低能耗建筑能耗
21	22 号楼实验楼层分户所有能打开的推拉门和窗户（取决于开启方式，放在开关交错大的位置角落处）	开窗（门）频率传感器（无线传输）	立群 LQWXKCPL	52	对比普通建筑与超低能耗建筑居住环境（舒适度）

三、运维管理类清单				
序号	布置位置	传感器或设施	品牌型号	5 栋实验楼宇每栋 2 层合计数量	功能
1	自来水水管内水管高、中、低的末端	压力传感器（无线）	建大仁科，RK-PM300+ 无线模块	36	辅助运维，自来水管压力预警
2	给水系统加压水泵（自来水、中水、集水坑加压泵）控制箱内	水泵监测装置（无线）	立群 LQSBJCZZ	24	辅助运维，水泵运转预警
3	17、21、22 号楼实验楼层排水管检修口处	漏水传感器（有线）	安科达 WD90	30	辅助运维，漏水报警
4	17、21、22 号楼实验楼层给水管管井地板	漏水传感器（有线）	安科达 WD90	12	辅助运维，漏水报警
5	地暖管井每个系统的末端立管放气阀附近	压力传感器（有线）	建大仁科 485	6	辅助运维，地暖管压力预警
6	11、15 号楼实验楼层分户总进水管处监测地暖的供水、回水、每栋楼的热力小室（每栋楼 1 个小室，每个小室 2 个）	温度传感器（有线模拟量）	立群 LQYTHWDPSQ	68	辅助运维，地暖温度预警
7	原有监控系统补充（根据传感器部署位置决定）	高清视频（云台）监控摄像机	海康威视 DS-2CD3T56DWD-I5	20	辅助运维，提升运维品质
8	17、21、22 号楼实验楼层的厨房下部	漏水传感器（有线）	安科达 WD90	48	辅助运维，漏水报警
9	17、21、22 号楼实验楼层的卫生间下部	漏水传感器（有线）	安科达 WD90	48	辅助运维，漏水报警
10	11、15 号楼实验楼层分户分水器	漏水传感器（有线）	安科达 WD90	32	辅助运维，漏水报警
11	实验楼层分户室内新风出口距租户经常活动的地方合适的监测位置（客厅灯光开关右侧）	噪声传感器（无线传输）	RT-ZS-BZ+ 无线模块	48	辅助运维，居住舒适度监测，新风应用效果监测

三、运维管理类清单

序号	布置位置	传感器或设施	品牌型号	5栋试验楼宇每栋2层合计数量	功能
12	实验楼层新风室门外，对租户可能产生噪声影响的位置	噪声传感器（无线传输）	RT-ZS-BZ+ 无线模块	6	辅助运维，居住舒适度监测，新风应用效果监测
13	实验楼层分户灯光开关右侧	住户一键报修器	立群 LQYJBXQ	80	辅助运维，提升运维效率
14	普通建筑实验楼层分户厨房的环境测量（灯光开关右侧，此处将涉及改动设计）	温湿度（无线传输）	立群 LQWXRSETH-M	32	辅助运维，提升居住品质，高温辅助预警

3）传感器安装施工

传感器安装需编制专项施工方案，设计同意后，由弱电分包负责施工，报送隐蔽资料，监理组织验收（图 6-8 ~ 图 6-10）。

图 6-8　传感器施工

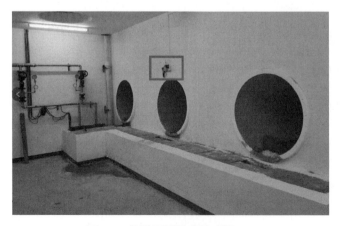

图 6-9　地道风温湿度传感器　　　　图 6-10　门窗开闭频率传感器

4）传感器数据的采集与传输

混合网络传输方式：采用有线无线相结合的传输网络，传输网络包括 TCP/IP 局域网、rs485 通信网络或 LoRa 无线网络等。各楼之间的主干网络采用光纤传输介质，各层之间的局域网采用 UTP5 类双绞线网络介质，及 485 通信网络的铜质电缆等，不好布线的地方采用无线网络 LoRa 无线通信技术。兼顾通信速率及现场情况，创新应用了多技术的混合网络（图 6-11）。

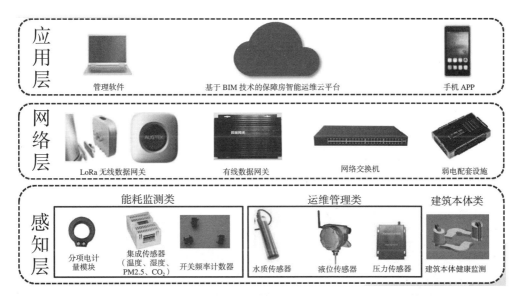

图 6-11　传感器系统结构图

5）传感器数据与运维平台对接

通过数据仓库储存传感器上传的原始数据，加工后提供给 BIM 运维平台生成报表。如图 6-12 ~ 图 6-14 所示。

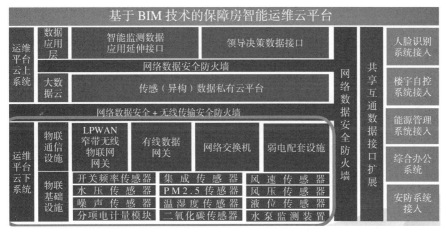

图 6-12　BIM+ 传感器运维管理系统图

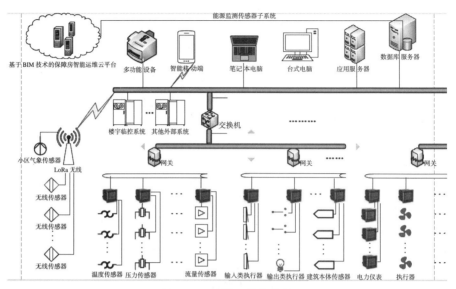

图 6-13　数据采集与上传

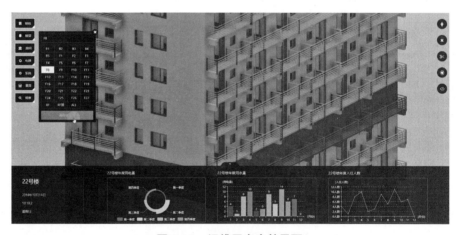

图 6-14　运维平台表单界面

参考文献

[1] 凡科，钱坤，等.装配式建筑爬架安装与提升要点解析 [A]. 2020 年全国土木工程施工技术交流会论文集（中册）.

[2] 孙岩波，孙少辉，李晨光，等.装配式混凝土结构用塔式起重机施工技术研究 [J]. 建筑技术，2017，48（8）：809-811.

[3] 赵勇，王晓锋，姜波，白生翔.装配式混凝土结构施工验算评析 [J]. 施工技术，2012，41（5）：29-34.

[4] 张鹏，迟锴.工具式支撑系统在装配式预制构件安装中的应用 [J]. 施工技术，2011，40（22）：83-85.

[5] 王爱兰，王仑，焦建军，温晓天，阎明伟.装配整体式混凝土剪力墙结构施工关键技术 [J]. 建筑技术，2015，46（3）：212-215.

[6] 从巍横.基于 BIM 技术的装配式建筑设计与建造研究 [J]. 砖瓦，2021（1）：51-52.

[7] 刘丽娜.绿色智慧住区建设中 BIM 技术的应用探讨 [J]. 陶瓷，2020（9）：110-111.

[8] 和能人居科技 [EB/OL]. http：//www.henenghome.com/.

[9] 湖南三一快而居住宅工业有限公司 [EB/OL]. https：//www.sohu.com/a/216673267_642516.

[10] 装配式建筑网 [EB/OL]. https：//ind-building.cscec.com/hzhb/201608/2961320.html.